蘇聯
超級軍武科技
戰車與裝甲車篇
多田將
Cover Design：ヒライユキオ

CONTENTS

■關於兵器名稱的表記：在本書中，第一次出現的兵器名稱會先標出西里爾字母，並在後面的[　]裡一併記入一般的拉丁字母（例：T-64БВ[*T-64BV*]）。此外關於專業術語，也盡可能同時標記俄語／西里爾字母以及拉丁字母（例：「反核能防護系統（Система ПротивоАтомной Зашитуй,ПАЗ[PAZ]系統）」）。

第1章

戰車的基礎知識

照片：Ministry of Defence of the Russian Federation

俄軍的T-72（照片：Ministry of Defence of the Russian Federation / Евгений половодов）

世上不存在沒有陸軍的國家

俄語「армия」、英語「army」、德語「Heer」、義大利語「esercito」，以上這些單字各位會怎麼翻譯呢？會翻成「陸軍」嗎？雖然這樣翻也沒錯，但這些單字本來的意思是更普遍的「軍隊」。換言之，任何一個國家提到「軍隊」，首先指涉的都是「陸軍」。

在這個地球上，即使存在不靠海的國家，卻不存在沒有陸地的國家。無論哪個國家，甚至是與大海接鄰的海洋國家，陸軍都是軍隊的基礎，特別是那個擁有世界最大國土面積且地形平坦、幾乎沒有可稱為天然要塞防禦屏障的大國——俄羅斯。

比起其他國家，俄羅斯陸軍擁有更加重要的地位。俄羅斯之所以能在俄法戰爭（拿破崙征俄戰爭）中擊退法國、在偉大衛國戰爭（第二次世界大戰期間的東部戰線）中反撲德國，其獲勝的關鍵都在於陸軍！

本書將會在第2章解說被稱為「陸戰之王」的戰車，在第3章解說戰車以外的各類戰鬥車輛，並在第4章繼續說明各式各樣的自走式火砲。而在那之前，先於本章來談談有關這些兵器科技的基礎知識。

1-1 什麼是戰車

■戰車三要素

受到某動畫作品的影響，許多日本人以為「Panzer（德語）」指的就是「戰車」，但其實戰車的德語為「Panzerkampfwagen」，只是因為字串實在太長，才連德國人都省略成「Panzer」。原本「Panzer」這個字只有「裝甲」的意思，不過這個字也體現了戰車的本質。

拆解「Panzerkampfwagen」這個單字可以分成「Panzer（裝甲）」、「kampf（戰鬥）」、「wagen（車輛）」，這正好展現了戰車的三項要素「動、攻、守」；足以越過崎嶇地形的移動能力、能夠擊毀敵方戰車的火砲攻擊力、可在敵方砲火下保護乘員的裝甲防護力，戰車正是同時具備這三項能力的陸地兵器。而「Panzer」這個稱呼省略了其他2個要素，這或許象徵著裝甲才是戰車最為關鍵、最具本質的要素吧。

烏克蘭軍的T-64BV。烏克蘭過去曾為蘇聯加盟國，至今仍擁有大量蘇製戰車。
（照片：Ministry of Defence of Ukraine）

什麼是戰車

其中「裝甲」是戰車最重要的元素！
戰車的工作是「與敵方戰車交火」，而
正是「裝甲」讓這件事成為可能。

因為裝甲薄弱，所以無法
與戰車正面交火！

16式MCV（日）

無法與戰車互射交戰的車輛不能稱為戰車。這些車輛在蘇聯／俄羅斯被分類為「反戰車自走砲」。

■裝甲才是戰車的生命線

義大利的「半人馬裝甲車」或日本的「16式機動戰鬥車」等具有砲塔的輪式車輛算是「戰車」嗎？這是至今為止仍爭議不休的問題。這些爭論到最後必定會導向「是否為履帶式／輪式」等外表上的討論。此外，雖然在歐洲常規武裝力量條約（1992年生效）[※1]中對戰車的定義做出規範，但透過這種各國角力下決定的條約敘述也無助於理解戰車的本質。

一台車輛是否為戰車，端看「運用方是否當成戰車來使用」。雖說戰車的任務五花八門，但最重要也最原始的任務，就是與敵方戰車交火。從這點來看，上面提到的輕裝甲車輛若與敵方戰車交火無疑是自殺行為。

將於第3章介紹的蘇聯／俄羅斯戰鬥車輛「2S25」，不僅具備戰車砲與旋轉砲塔，還採用履帶來移動，從外觀看起來就是一台戰車。以用途來說會被列為「空降戰車」，可是其編號明顯是在「自走砲」的分類下，可以看出這裝甲輕薄的車輛是被俄羅斯分在反戰車自走砲的類別中。

如以上所述，當戰車要發揮原本的功能時，裝甲就會是生命線之所在，希望各位可以事先理解這個前提。

「戰車」是與敵方戰車交火的兵器，因此「裝甲」會是最重要的元素。照片中是陸上自衛隊的16式機動戰鬥車，雖配備旋轉砲塔及105㎜主砲，但裝甲薄弱。（照片：陸上自衛隊）

※1：歐洲常規武裝力量條約是冷戰時期歐洲地區東西方對立下，旨在削減雙方陣營佈署的常規兵器（戰車、裝甲戰鬥車輛、戰鬥機等）所制定的條約（生效時已是冷戰結束之後）。在規定數量上限的同時，也針對各項軍事武器做出定義，例如戰車（Battle tank）便定義為「16.5公噸以上的空車重量」、「具備口徑75㎜以上且能360°旋轉的砲」。

1-2 動——戰車的引擎與走行裝置

■柴油引擎

戰車說到底也是車輛，因此主要採用的是往復式引擎（活塞引擎）。往復式引擎大致可分為汽油引擎與柴油引擎，前者多用於轎車等小型車輛，後者則主要用在重型機具或卡車等大型車輛。由於戰車可說是「重車當中的重車」，因此柴油引擎是戰車引擎的主流，不過採用柴油引擎其實也有軍事目的上的理由。

車輛使用的柴油引擎以輕油作為燃料（船舶則使用重油）。「輕」油的意思是「比重油輕」，但輕油還是比汽油重。因石油成分的比重直接關係到油的揮發性，所以比重輕的汽油具有很高的揮發性。由於燃料在液態下只會靜靜燃燒，但揮發成氣體後就會爆炸，因此以中彈為前提的軍用車輛就必須站在安全性的觀點來選擇揮發性低的燃料，柴油引擎也正因如此才成為戰車引擎的主流（歷史上有段時期也曾運用汽油引擎，但如今已經銷聲匿跡了）。

■燃氣渦輪引擎的優點與缺點

燃氣渦輪引擎也是為人熟知的戰車引擎種類之一。以下將試著比較兩者的優點與缺點。

memo 燃油的揮發性

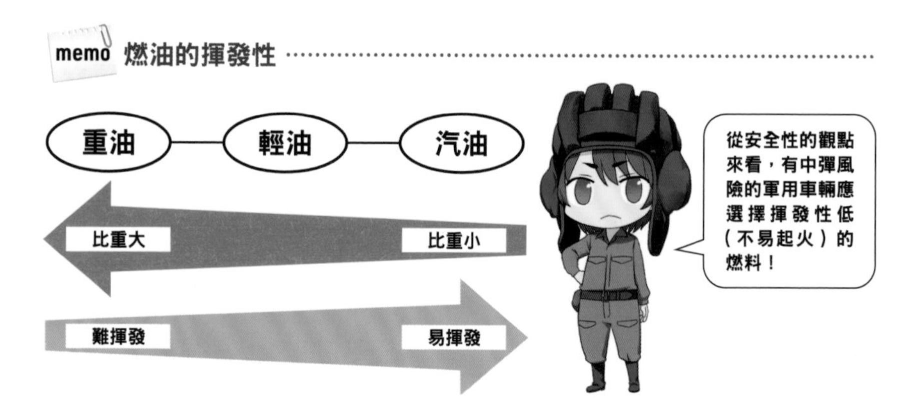

柴油引擎 與燃氣渦輪引擎

燃氣渦輪引擎的構造

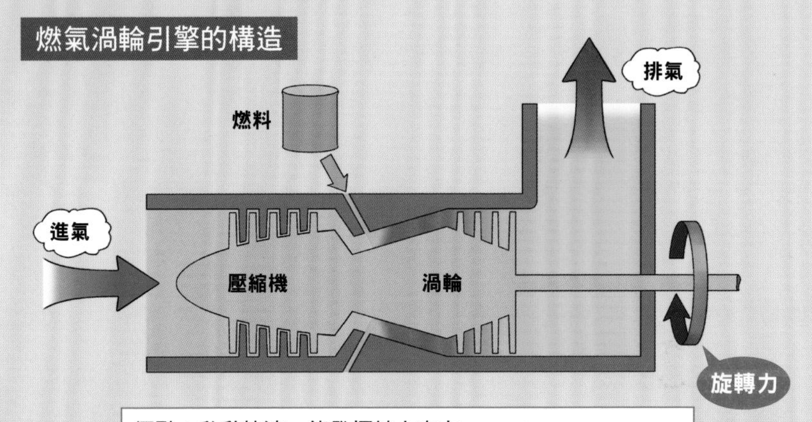

優點：啟動快速，能發揮較大出力。
缺點：會排出高溫氣體（還有著能量的氣體），油耗很差。

柴油引擎（往復式引擎）的構造

優點：省油。
缺點：活塞的往復運動需要透過曲軸轉化成旋轉運動，在構造上效率不好，以體積來看出力不算高。

柴油引擎省油效率佳，是相當優秀的引擎，但因為是往復式構造，所以運轉時會經過「藉由曲軸將活塞的往復運動轉化成旋轉運動」這種麻煩又沒有效率的過程，從引擎的大小來看出力顯得有些低下[※2]。另一方面，燃氣渦輪引擎採用直接對著旋轉的葉片噴射燃氣的構造，輕巧簡單且啟動快速，還能以較小的體積發揮較大的出力。然而燃氣渦輪引擎最大的缺點在於高溫排氣 —— 引擎會排出還具有充分能量的氣體，因此油耗表現頗為差勁。

現在，以戰車為首的各式軍用車輛絕大多數都採用柴油引擎，只有少數如俄羅斯的「T-80」或美國的「M1」採用燃氣渦輪引擎。

■履帶 —— 降低接地壓力

接下來我想簡單介紹走行裝置。履帶是戰車外表上最顯眼的特徵之一，也是讓戰車這種重量驚人的車輛能奔馳在崎嶇不平地面上最不可或缺的部件。一般來說，車輛透過車輪（裝在輪上的輪胎）接觸地面，因車輪呈圓筒狀，所以與路面接觸的面積非常小。車輪承受的重量除以接地面積的值稱為接地壓力；若接地壓力升高，路面與輪胎（車輪）就會變形。

如果是行駛在鐵軌這類堅硬的路面上，那麼這種變形會小到看不出來，便能以較小的車輪驅動力駛出很高的速度，然而若路面與輪胎（車輪）大幅變形，就需要相當大的車輪驅動力才能行駛，有時甚至會因為變形過度而完全無法移動。

因此，沉重的車輛就得採用鋪設適當的堅硬路面並在上面行駛的方法。理所當然地，我們不可能準備跟行駛距離一樣長的路面，因此需要將一定長度的路面圍成一個圓圈並裝在車輛上，讓路面一邊旋轉一邊反覆進行鋪設與回收的過程。而這個「路面」就是所謂的履帶（track），有時也因為其運作機制而被稱為「連續軌道（continuous track）」。

說到這，雖然解決了車輪與履帶間接地壓力的問題，但履帶與地面之間的接地壓力卻尚未解決；對於需要行駛在柔軟地面的車輛來說，必須保留充分的履帶寬度及接地長度好降低接地壓力。之所以愈笨重的履帶式車輛履帶寬度就愈寬，正是源自這個道理。

※2：換句話說若出力相同，那麼柴油引擎會比燃氣渦輪引擎更大、更重。

為何戰車需要懸吊系統？

如果沒有懸吊系統，那麼戰車與乘組員會因為晃動或震動而無法正常工作。

懸吊系統可依照行駛狀態或地形上下搖動路輪，讓車體趨於穩定。當車輪及履帶適當服貼地面，也才能操縱車輛做出動作（前進後退、左右轉、煞車）。

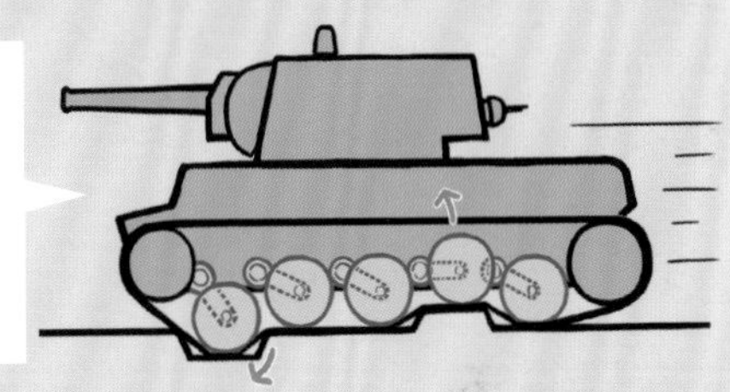

扭力桿懸吊系統的原理

路輪上下運動產生的作用力通過懸臂進入扭力桿，此時扭力桿的反作用力能減緩衝擊，維持車體的姿勢。
此外，左右側路輪的扭力桿是前後依序排列的，因此路輪的位置會前後稍微錯開，左右側並不對稱。
（T-64為例外，扭力桿只到車體中央，呈左右對稱的結構）

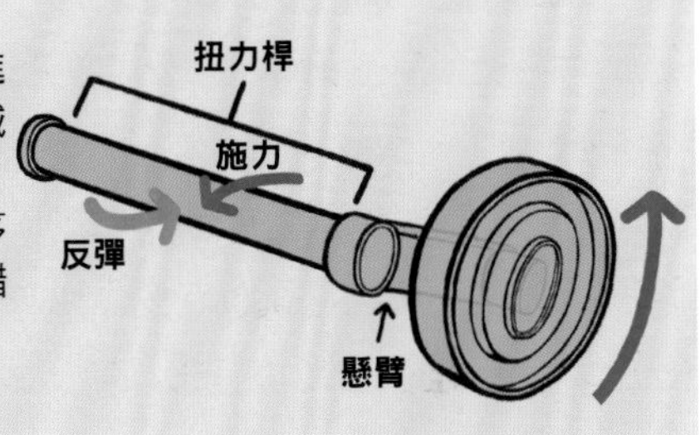

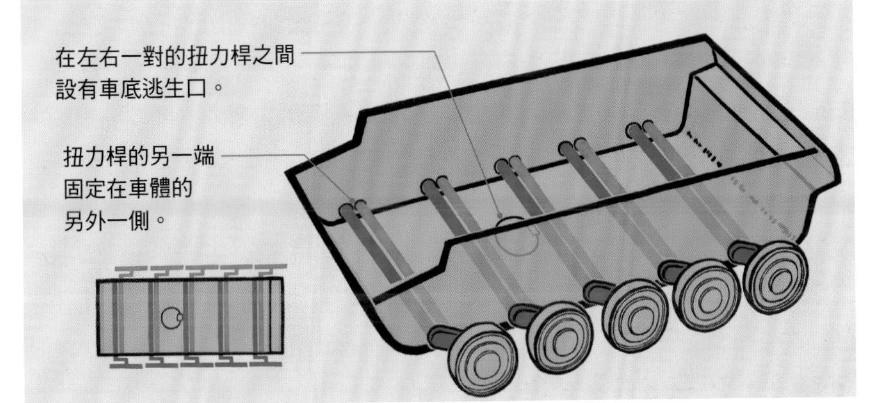

此外，履帶式車輛可透過變更左右履帶的速度來改變前進方向；如果停止其中一邊的履帶，便能夠定點轉向（pivot turn，以停止的一側為軸心旋轉），而如果讓履帶左右相反且等速轉動，則可以原地轉向（spin turn，以車體中心為軸心旋轉）。

■路輪與懸吊系統

將重量傳導至履帶的車輪稱為「路輪（road wheel）」，與一般車輛相同，透過懸吊系統（suspension）安裝在車體上。懸吊系統是一套為了讓車輪（路輪）能夠確實接觸路面（履帶），由懸臂、彈簧及減震裝置（damper）所組成的系統，可以從彈簧的類型來稱為「〇〇式懸吊」。

過去戰車也曾採用轎車那類的圈狀彈簧式懸吊或卡車所用的葉片彈簧式懸吊，但最終都幾乎改用扭力桿懸吊系統了。「扭力桿（torsion bar）」是一根可以扭轉的棒桿，透過金屬棒扭轉、變形後會反彈、回復原形的性質來當作彈簧使用。這根扭力桿在戰車上呈水平，安裝在車體的底部。

為了「鋪設又回收」履帶，除了路輪外還有其他車輪。轉動履帶的是「驅動輪（sprocket wheel）」，是整台戰車的主要驅動力，與引擎及變速箱直接連在一起並將動力傳達給履帶。與驅動輪在前後相反的位置，用來控制履帶鬆緊度避免履帶脫落的車輪稱為「惰輪（idler wheel）」（或稱誘導輪），可透過改變輪軸位置來調整履帶。在路輪上方引導履帶從驅動輪送到惰輪的輪組稱為「上部支撐輪（return rollers）」（或稱托帶輪）。

■走行裝置的配置

用上方所提到的各種車輪和履帶等走行裝置夾住受到裝甲覆蓋的車體，就是現今戰車普遍的構造。車體前方配置駕駛席，車體中央是戰鬥室，後方則配置引擎與變速箱。過去雖曾有過引擎配置在車體後方，變速箱（與驅動輪）配置在車體前方的戰車設計，但由於連接兩者的傳動軸需要通過車體中央，車高需要隨之增高，因此將兩者都整合在車體後方就成了後來主流的基本配置。另外，現代戰車會採用引擎及變速箱的一體化設計，稱為「動力包件（power pack）」，在維修時可以整組直接進行更換。

戰車的走行裝置

藉由履帶降低接地壓力，如此一來沉重的履帶式車輛也能行駛在柔軟的地面上（車輛愈重履帶就愈寬，藉此加大接地面積來降低接地壓力）。

路輪與其他車輪

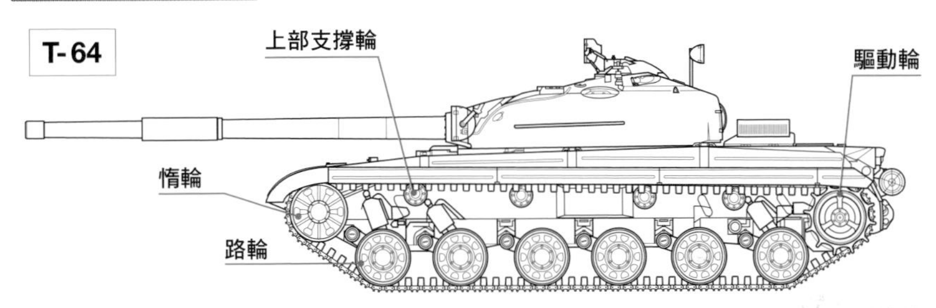

T-64側面圖：田村紀雄

現代戰車的車內構造與引擎配置

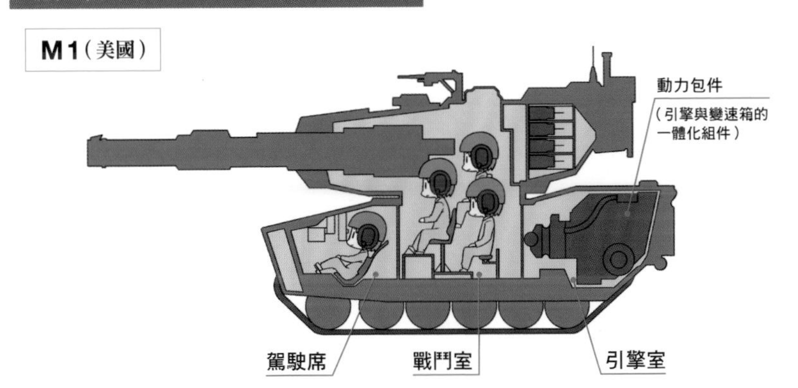

1-3 攻——戰車的砲彈

■尾翼穩定脫殼穿甲彈（APFSDS）

戰車砲雖然會用來對付各式各樣的目標，但是否能擊穿敵方戰車的主要裝甲仍是開發時的第一考量。因此，對著數公里的短距離內能以光學直接看到的位置進行直射的砲就成了戰車砲的基礎（相對地，榴彈砲或艦砲是射出山形彈道的曲射火砲）。作為使用火藥的砲而言擁有極高的速度也是戰車砲的特徵。

以擊穿裝甲為第一考量時，為了增強動能，砲彈就需要「重量」與「速度」。鑽研這點的結果，就催生了如針般形狀細長的戰車砲彈（穿甲彈）。

舉例來說，NATO標準的DM53彈長745㎜，但直徑卻只有23㎜，形狀非常細長。當然，若砲彈這麼細長那砲管就顯得太粗大了，因此細長的砲彈本體（彈芯）會裝進與砲管口徑相符的彈托（sabot）中再進行發射。彈托在飛出砲管後會迅速脫落，只留下砲彈本體飛向目標。這種砲彈稱為「尾翼穩定脫殼穿甲彈（Armor-Piercing Fin-Stabilized Discarding Sabot，APFSDS）」。由於彈芯形狀接近細針，因此空氣阻力低，在擊中目標時的存速[※3]甚至可達1700 m/s（5馬赫）。

在榴彈砲等砲管的內壁，刻有被稱為「膛線（rifling）」的螺旋狀凹槽，可以讓砲彈旋轉以提供更穩定的彈道。雖然過去戰車砲也曾使用刻有膛線的「線膛砲」，但對於細長如針的現代砲彈來說，讓砲彈旋轉反而會變得不夠穩定，因此改採用不旋轉就射出的設計。若要舉例，這就像在球類比賽如棒球或美式足球中，投球時為了讓彈道穩定而加上旋轉的力，但投擲細長的飛鏢時不會使其旋轉而是直接投出。這種不使砲彈旋轉，內壁光滑平整的火砲稱為「滑膛砲」。

如同「飛鏢」這種形容，為了讓飛鏢在不旋轉的狀態下能保持穩定，後端會裝有尾翼，這個正是APFSDS彈「FS」——「Fin-Stabilized」的意思。至於去除掉砲彈本體上的尾翼與尖端蓋，用來擊穿裝甲的「芯」則稱為「侵徹體」。

※3：存速指的是飛行的砲彈到達某個地點的速度。

尾翼穩定脫殼穿甲彈（APFSDS）

動能　　質量　速度

$$K = \frac{1}{2} m v^2$$

想提升砲彈的動能，「重量」與「速度」是關鍵。技術者們最終研發出了針狀的細長砲彈。

以下是西方最具代表性的APFSDS彈。隨著不斷改進，形狀也愈來愈細長。

640mm

DM33　26mm

侵徹體／彈芯　彈托　穩定翼

DM53　23mm

745mm

過去的戰車砲為了使彈道穩定，多採用內壁鍛刻有「膛線」、可以旋轉砲彈的「線膛砲」（左方照片，Strv.103的主砲）。然而現代的細長APFSDS彈若旋轉反而會變得不穩定，因此改用內壁平滑的「滑膛砲」（右方照片，10式戰車的主砲）。

■雨貢紐彈性極限

細長的現代戰車砲彈侵徹裝甲的機制，跟以往粗大、圓滾滾的砲彈貫穿裝甲的原理截然不同。為了理解這點，要先了解構成物質的原子彼此之間是怎麼結合的。

相信大家都知道，原子（或分子）之間化學鍵未結合的狀態為液體，結合的狀態為固體。各位可以將化學鍵想像成「彈簧」，因此所有固體都具備彈性。然而固體要是受到太強的壓力，這個彈簧就會斷裂；在彈簧斷裂的狀態下，物質會變得像是液體般具有類似液體的性質。

這個「彈簧斷掉的極限」隨物質不同而有差異，這項值則被稱為「雨貢紐彈性極限（Hugoniot Elastic Limit，HEL）」。現代的戰車砲彈因為速度極高、形狀極為細長（截面積小），在擊中敵方戰車時裝甲會瞬間到達這個極限壓力，這麼一來裝甲上與砲彈尖端接觸的部分就會變得像是液體，並隨著侵徹體的侵徹被往砲彈後方挖出，進而造成裝甲被打穿的結果。

理所當然地，侵徹體這邊也會達到極限而跟著液化，所以會隨著消耗愈變愈短。在消耗完侵徹體時，裝甲上所穿出的孔洞深度就是那顆砲彈的侵徹長（可以貫穿裝甲的長度）。換句話說，這就是一場「砲彈先消耗完」vs「裝甲先消耗完（被貫穿）」的勝負，砲彈（侵徹體）愈長就愈有力。

此外，為了在這樣的針形設計下還保有充分的質量（質量大小直接影響動能及壓力），侵徹體會選擇密度較大的材料。然而材料的性能無法由單純的密度決定，液化後的狀態等等也會影響，因此頗為複雜。

具備最強能力的侵徹體是鉭合金，但是鉭的價格非常貴，無法用在砲彈這種拋棄式的東西上，所以鎢合金（日本、德國）或鈾合金（俄羅斯、美國）就成了首選的材料。

貫穿裝甲的原理①
——雨貢紐彈性極限

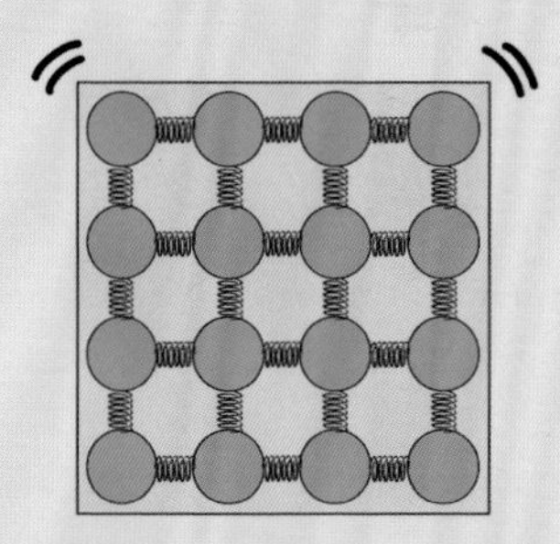

原子之間化學鍵結合的狀態為「固體」。這化學鍵像是彈簧，因此所有固體都有彈性。

受到強大壓力時彈簧斷裂，變得像液體般流動！

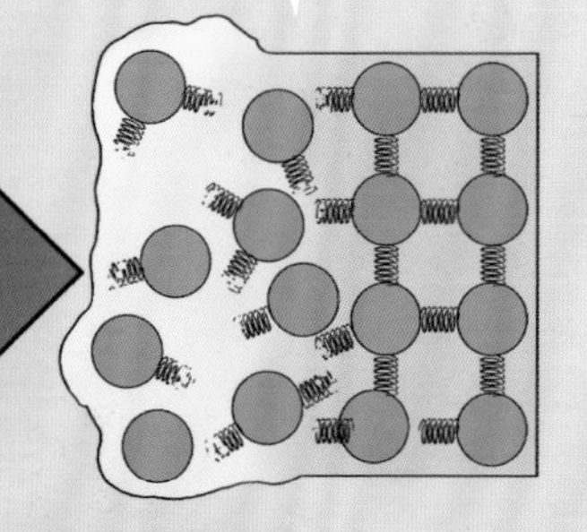

彈簧斷裂的極限稱為
「雨貢紐彈性極限」。
每種物質的極限值不同。

不論APFSDS彈還是HEAT彈，都是透過施加超越雨貢紐彈性極限的壓力來貫穿敵方裝甲。

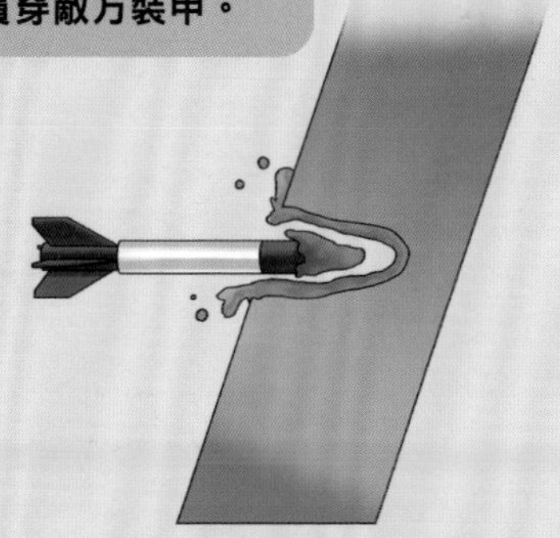

不只是裝甲，APFSDS彈的彈體（侵徹體）也會到達雨貢紐彈性極限，從尖端開始液化、消耗，換言之這是一場「砲彈先耗完還是裝甲先被貫穿」的勝負，因此APFSDS彈的彈體研發著重在「更長的長度」。

貫穿裝甲的原理②
——蒙羅效應

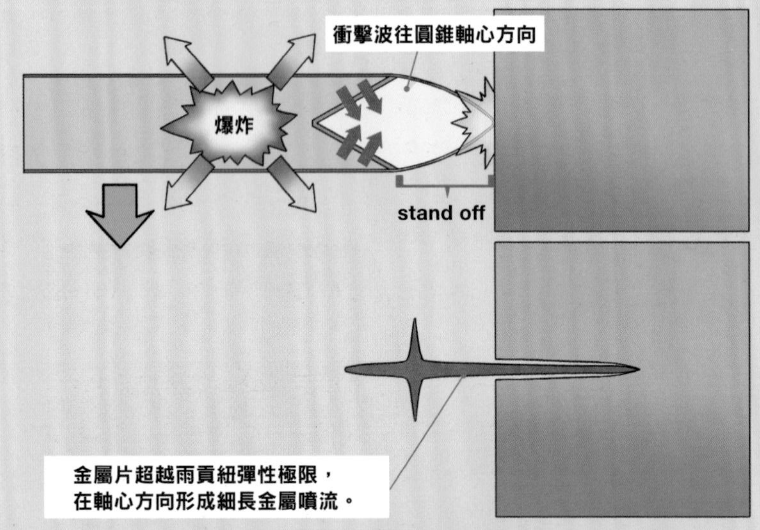

在炸藥塊上事先做出圓錐形凹槽，就會形成集中在圓錐軸心方向的猛烈衝擊波（蒙羅效應）。而如果在圓錐形凹槽裡貼上薄金屬，則衝擊波的壓力會使金屬超越雨貢紐彈性極限而具有液體性質，並在軸心方向瞬間形成細長針狀的金屬噴流。利用這個效應來攻擊的就是HEAT彈。

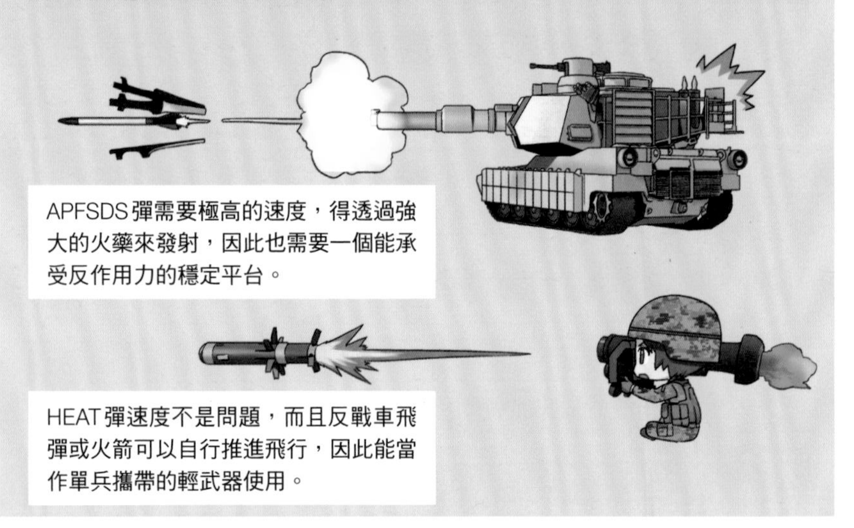

APFSDS彈需要極高的速度，得透過強大的火藥來發射，因此也需要一個能承受反作用力的穩定平台。

HEAT彈速度不是問題，而且反戰車飛彈或火箭可以自行推進飛行，因此能當作單兵攜帶的輕武器使用。

■反戰車高爆彈（HEAT）

另外還有一種不是將侵徹體當成砲彈射出，而是採用「在中彈瞬間做出侵徹體」的方法，也就是所謂的成形裝藥彈。這種砲彈的歷史比APFSDS彈更加久遠，早在二戰時就已經投入實戰使用。

炸藥塊在爆炸後，衝擊波會向四面八方散去——但若是在炸藥塊的某處做出圓錐形的凹槽，就會形成一股朝向圓錐軸心方向噴去的猛烈衝擊波（這稱為蒙羅效應）。而如果進一步在圓錐形凹槽裡貼上一層薄金屬，那麼金屬就會因為炸藥的壓力超過雨貢紐彈性極限而具有液體性質，並化為一道軸心方向的金屬噴流，在一瞬間形成如APFSDS彈的「針」（此稱為諾伊曼效應）。

利用這項效應的反戰車砲彈稱作「反戰車高爆彈（High-Explosive Anti-Tank，HEAT）」。由於習慣上常被叫作「化學能（CE）砲彈」，所以有些人會誤以為這是靠化學反應侵徹裝甲的砲彈，不過這其實並非適當的名稱，實際上是依靠金屬噴流的動能來侵徹裝甲。此外，這股噴流塑造而成的砲彈只會存在一瞬間，因此炸藥引爆的位置到裝甲之間的有效距離是固定的，超過這個距離爆破效果就會急速衰退。這段有效距離稱為「stand off」。

由於成形裝藥彈是透過炸藥來當場生成「針」，所以原本砲彈的速度本身不是什麼問題；只要能擊中目標，就算速度慢到快停止仍然能發揮效果。憑藉這點優勢，除了能在戰車上當作高速射出的砲彈，還可以當成步兵攜帶的武器來使用，對戰車而言是相當恐怖的剋星。著名的蘇聯製單兵反戰車武器「РПГ［*RPG*］」就是利用了這項技術。然而隨著後述複合裝甲的誕生，以及擾亂stand off的防護方法逐漸普及，對戰車而言成形裝藥彈的威脅正逐步下降，取而代之的是APFSDS彈成為「最令人聞風喪膽的砲彈」。

射擊中的T-72B（照片：Ministry of Defence of the Russian Federation）

■射擊控制系統

以上這些火力強大的砲彈，也只有命中時才能發揮真正價值，如同那句動畫經典名言所說：「只要打不中就沒什麼大不了的」。正因如此，戰車會配備「使砲彈命中目標的功能」，而且也同樣隨著時代逐漸演進、改善。現代戰車最可怕的，其實正是這項性能。

執起本書的各位之中，應該不少人也是生存遊戲的玩家吧，甚至曾有到國外進行實彈射擊的經驗。現在請各位回想起當時的情景。

首先，我們需要將槍管（砲管）正確對準目標，為此我們需要使用瞄具。不過即使瞄準了，子彈卻不會像光一樣直線前進，這是因為子彈有重量，會被地球的重力向下拉而墜落。由於會墜落多少視射擊距離而定，因此我們需要知道距離；雖然目測可以從目標原本的大小與看起來的感覺來估算大致的距離，但現代已有雷射測距儀這種方便的工具，可以精確測出與目標之間的距離。

但即使依照距離考量到達目標時子彈墜落的幅度後再射擊，卻還有射擊間目標會移動的問題，為此就要從距離來算出子彈到達目標的時間，然後推算射擊間目標可能會移動的距離，向著「目標未來的位置」再次射擊；本以為能夠打中，但這次又因為風使子彈偏移了。這也是為何現代戰車通常都備有風速計。

通過儀器測量以上各種要素後，再經過計算決定射擊方向以命中目標可說是困難至極的技術，不過現代有彈道計算機能在一瞬間算出「答案」。能依據「答案」自動將砲管朝向「能打中」的射擊方向的，就是「火砲控制系統（Gun Control System，GCS）」。

但至此還是留下了課題；如果舉槍射擊的自己踉蹌不穩，沒有穩定舉起槍，那麼再多計算都是枉然。據此，現代戰車都會在GCS裡併入「火砲穩定器（Gun Stabilizer）」讓砲管可以穩定朝向瞄準好的射擊方向。現代戰車配備有能夠持續朝向射擊方向的優秀穩定裝置，甚至可以在高速行駛下自動移轉砲管來修正車身搖晃造成的誤差，因此就算是在行進中射擊也有相當高的命中率。各位可以想像自己一邊跑一邊開槍射擊的樣子，應該就能了解這是多麼高度的技術了。

另外，生存遊戲可能會因為天候不佳而中止，但戰場可沒有這回事。雨天、夜間或是沙漠地區的沙塵暴，在這些環境下只依賴跟人眼一樣的可見光是無法戰鬥的，因此現代戰車的瞄準器可以像可見光那樣看見紅外線（熱輻射）影像；任何物體都會隨其溫度發出特定波長的電磁波，而在室溫下其主要波長多會落在紅外線的波段，所以即使不使用照射對方的光源，對方也會自行發出紅外線。戰車能將紅外線轉為影像並用於瞄準射擊，才能在各種環境下都維持著高度的戰鬥能力。

將上述提到所有儀器統合在一起「讓砲彈命中目標」的，就是所謂的「射擊控制系統（Fire Control System，FCS）」。不只是戰車砲，FCS還常用於描述其他火器、機槍、飛彈等領域的控制系統，是相當普及的用語。有趣的是在日本，同樣都是FCS，但在海上自衛隊譯為「射擊指揮系統」，而在航空自衛隊則譯為「火器管制系統」。據說現代戰車在2～3公里的平均交戰距離下，初彈命中率超過了驚人的9成。

1-4 守——戰車的裝甲

■硬度指的是「化學鍵的強度」

如果說戰車砲彈的侵徹原理來自「原子之間的鍵結會不會斷裂」，相信很多人應該都會想到「那麼想造出堅硬的裝甲就使用『化學鍵強』的物質就好」。化學鍵中最強力的是「共價鍵」，鑽石即是最具代表性的例子；強度次等的是「離子鍵」，陶瓷[※4]屬於這類。比離子鍵再弱的則是金屬（金屬鍵）。

說到金屬往往給人「堅硬」的印象，但其實跟陶瓷等材料相比柔軟很多。以前面提到的「雨貢紐彈性極限」來比較，鋼的極限為1GPa左右，但陶瓷材料視種類不同，極限可達10～20GPa。

■複合裝甲——「硬度」與「韌性」的組合

鋼是在鐵中混入少量碳的物質，是各式各樣的結構中最基本的材料，也常用於軍艦、戰車等近代兵器的裝甲上。鋼是非常有趣的金屬，其強度隨著碳的含有量而有數倍以上的變化。除了含碳量外，與鐵之間怎麼結合也是關鍵因素。

古代便有「滲碳」這項技術，在鋼板暫且成形後才接著從表面追加、吸附碳，如此一來滲碳後的部位會形成稱作碳化鐵（Fe3C，雪明碳鐵）、由

memo　各種材料的雨貢紐彈性極限

鋼　：1.2GPa
鎢　：3.8GPa
陶瓷：10～20GPa

（GPa＝十億帕斯卡）

陶瓷的彈性極限超級高！

※4：陶瓷（ceramic）指無機化合物燒結成形的材料，一般所說的陶瓷器就是陶瓷材料。工業上最常見的陶瓷材料是氧化鋁，不過裝甲所用的還有碳化矽、氮化矽、碳化硼、氮化硼等等。

複合裝甲

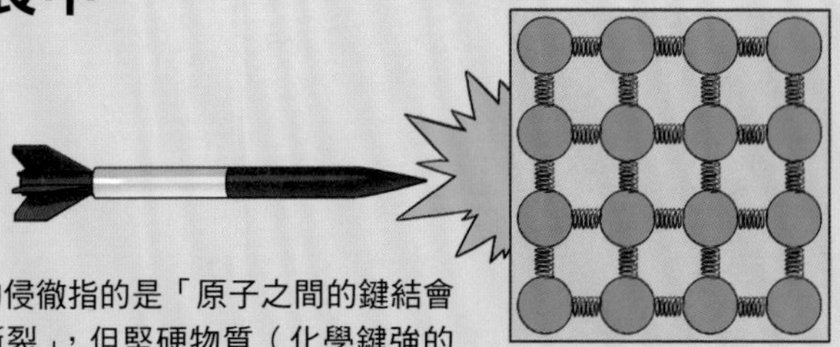

砲彈的侵徹指的是「原子之間的鍵結會不會斷裂」，但堅硬物質（化學鍵強的物質）有易碎、不耐衝擊的弱點……

化學鍵強度

強

共價鍵：鑽石等

離子鍵：陶瓷等

金屬鍵

裝甲需要的不只是硬度（化學鍵強度），還有能吸收衝擊的「韌性」。由此誕生的就是「複合裝甲」。

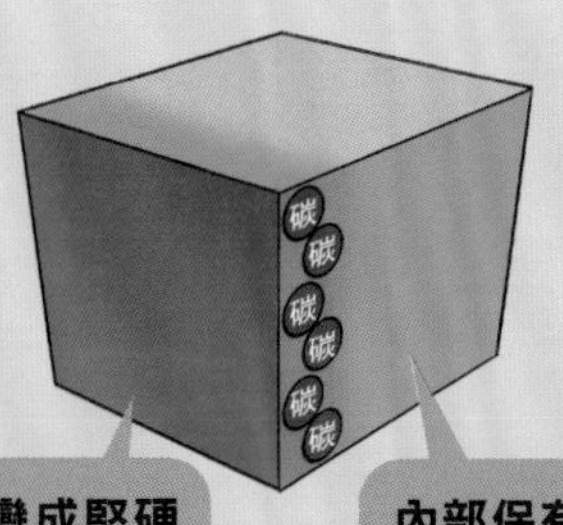

表面變成堅硬的陶瓷。

內部保有韌性。

浸碳

過去的戰車或戰艦裝甲曾使用的技術，讓鋼板表面吸附碳使其轉化成陶瓷材料[a]，這樣保留了堅硬表面（離子鍵）與具有韌性的內部（金屬鍵）。

複合裝甲

這是現代戰車的主流裝甲，是種將性質各異的材料組合起來的裝甲型式。雖然有各式各樣的材料與組合，但現代最強韌的裝甲是陶瓷與鋼的組合[b]。

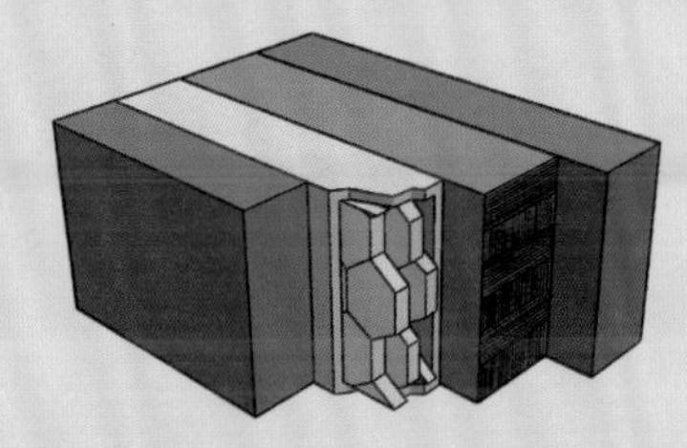

a：更精確地說，表面是鐵的碳化物「雪明碳鐵（Fe_3C）」。
b：複合裝甲有相當多樣的結構，插圖示意的層狀組合只是其中一種例子。

離子鍵結合而成的陶瓷材料，是一種「只有表面堅硬的鋼板」。過去的戰艦或戰車裝甲就都會經過這項表面處理。

各位讀到這裡或許會想既然裝甲需要硬度，那何不整塊裝甲都用同種材料，為什麼只做表面？但其實「硬度」同時也代表著「脆度」；換言之，硬物只要受到衝擊就很容易碎掉。許多人誤以為「鑽石不會碎裂」，但實際上鑽石可以輕鬆敲碎。

這也就是說，裝甲還需要能抵禦衝擊的強度，換個說法就是「柔韌程度」，這在科學上稱為「韌性」。例如比陶瓷材料還「柔軟」的金屬就擁有相當優異的韌性，這是因為結合原子的「彈簧」愈柔軟就愈能吸收衝擊。因此，前述「只有表面做成堅硬的陶瓷材料，其他部分保留金屬原本韌性」的裝甲概念就一直沿用至今。

沿著這個思維繼續發展，就會想到就乾脆個別準備陶瓷與鋼，再將兩種材料疊起來製成裝甲的做法，而這就是現代戰車主流採用的「複合裝甲」。雖然複合裝甲中有各式各樣的材料與組合方式，但現代最強韌的裝甲就是這陶瓷與鋼的組合。

■複合裝甲的防禦力①——針對HEAT彈

再一次來關注陶瓷「堅硬易碎」的特點吧。當砲彈擊中時，在微觀尺度（化學鍵尺度）下其硬度讓陶瓷不會被液化，可以阻擋砲彈的侵徹，然而另一方面在宏觀尺度（目視尺度）下，其脆度卻會讓陶瓷碎裂，無法發揮裝甲的防護能力。如果會碎掉，那裝甲就沒什麼意義了。

但這裡有個有趣的事實，那就是「碎裂需要時間」。換言之，裂痕的傳導速度是關鍵所在；如果砲彈速度比裂痕還慢，那情況就等同於「瞬間裂開」，裝甲的「脆度」就會是問題，然而如果砲彈速度比裂痕快，那麼「碎裂前就會先發生侵徹現象」，此時脆度就不再是問題了。於是我們看到了神的惡作劇——APFSDS彈的速度比陶瓷的裂痕傳導速度還慢，但HEAT彈的噴流卻比裂痕還快！

總地來說，陶瓷裝甲面對APFSDS彈會因為容易碎裂而無能為力，但面對HEAT彈則可以發揮強大的防護力。實際上複合裝甲當初就是為了用來對

陶瓷的碎裂「速度」

無論APFSDS彈還是HEAT彈，裝甲都是「愈硬愈難削弱」（愈難以侵徹），但堅硬的物質不耐衝擊。如果裝甲因衝擊而裂開，那就無法發揮裝甲的功用了，此時「硬度」便沒有太大的意義。
——然而碎裂是需要時間的。這就是**「裂痕傳導時間」。**

APFSDS彈

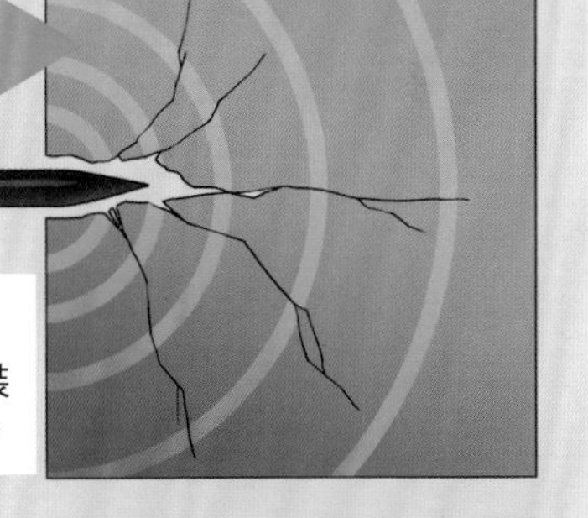

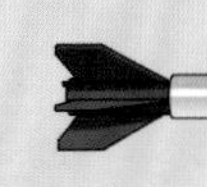

彈速比裂痕的傳導速度還要**慢**！
這麼一來在砲彈貫穿前衝擊就會擴散並讓裝甲裂開，因此陶瓷裝甲無法防禦APFSDS彈。

HEAT彈

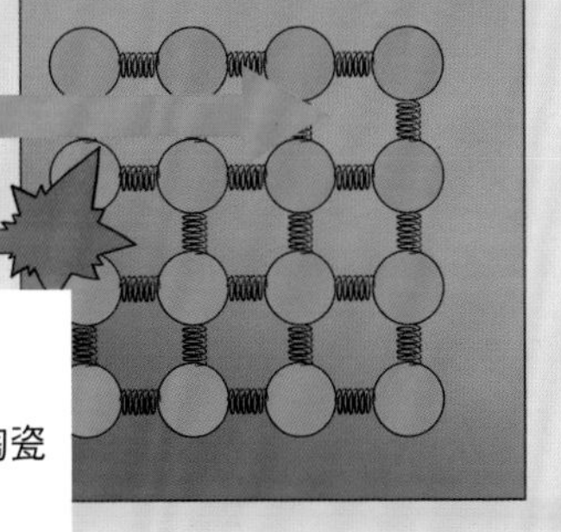

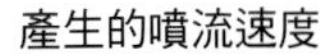

產生的噴流速度
比裂痕的傳導速度還要**快**！
在衝擊擴散前砲彈會先嘗試貫穿裝甲，這時陶瓷的「硬度」就能發揮作用，成為強力的裝甲。

HEAT彈的速度 ＞裂痕的傳導速度＞ APFSDS彈的速度

（噴流的速度）
因化學鍵強而被阻擋

在貫穿前就先裂開

付HEAT彈而研發出來的，想要透過包含反戰車飛彈在內的HEAT彈擊穿現代主力級戰車的主裝甲，可以說是難如登天的事。

■複合裝甲的防禦力②——針對APFSDS彈

那麼陶瓷對APFSDS彈就毫無辦法嗎？其實有個方法可以強化，那就是先對陶瓷施加應力[※5]，因為對化學鍵這「彈簧」施力，會讓材料變得較難裂開。具體來說，如果將陶瓷嵌進內徑更小的金屬中來進行壓縮，那就能給陶瓷施加很強的力；而想要嵌進內徑更小的金屬中，舉例來說有先提高陶瓷與金屬溫度，在高溫狀態下嵌入（先設定成在此溫度下能剛好嵌進去的尺寸）之後再回復常溫的方法。由於金屬的膨脹率比陶瓷高，所以回復常溫時金屬會收縮得更小，藉此對陶瓷施力。

對這種裝甲的實驗結果已有公開的論文可閱讀；面對APFSDS彈，這種裝甲相比一般的裝甲用鋼板能發揮2倍以上的防護能力。當然地，這種裝甲同樣能抵抗HEAT彈，可以說接近萬能。由於陶瓷太大會無法對中央施以充分的應力，因此採用將陶瓷分成小塊，並與約束具合為一個模組，然後再一一配置到需要防禦的部位這種特殊的結構。T-80（蘇／俄）、豹2（德）、90式與10式（日）等戰車皆採用這種約束型陶瓷結構。

然而約束型陶瓷結構裝甲也有缺點，那就是陶瓷占整體面積小，周圍的約束具沒辦法發揮足夠的防禦力。雖說將結構多層化並使其互相交錯等等也都是可行的應對方法，但約束具部分依然是令人頭痛的無效空間。

因此也有觀點認為，單純重疊板狀材料的複合裝甲整體會有更好的表現。在波斯灣戰爭等戰事中以戰績證明自身裝甲強度的M1A1HA及M1A2（皆為美軍），都在鋼板間夾進了陶瓷與鈾合金夾層。之所以加入鈾合金夾層，原因在於密度。若以單純的金屬板裝甲來說，在類似的算式中，APFSDS彈的侵徹長與侵徹體的長度成正比，也與侵徹體及裝甲密度的比平方根成正比。換句話說，砲彈是愈長、愈重就愈有利，裝甲也是同樣的道理。

題外話，在某戰車動畫作品中雖有台詞提到「因為有碳纖維保護，所以受到任何攻擊都沒問題」，但其實碳纖維密度低，這在物理學上並不正確。

※5：應力指的是物質內部所承受的力。本書中將化學鍵比喻為彈簧，各位可以想成是這個彈簧受到的力。

約束型陶瓷裝甲

陶瓷很怕APFSDS彈—但也有方法可以加強。
對陶瓷施加應力，使陶瓷更難裂開，就能製作出足以對付APFSDS彈（當然也能對付HEAT彈）的強韌裝甲。這稱為「約束型陶瓷裝甲」。

嵌進金屬的框體中，對陶瓷施加強大的力。為了充分對陶瓷施力，採用分成一個個小塊的模組結構，再將這些模組排列到所需部位來使用。

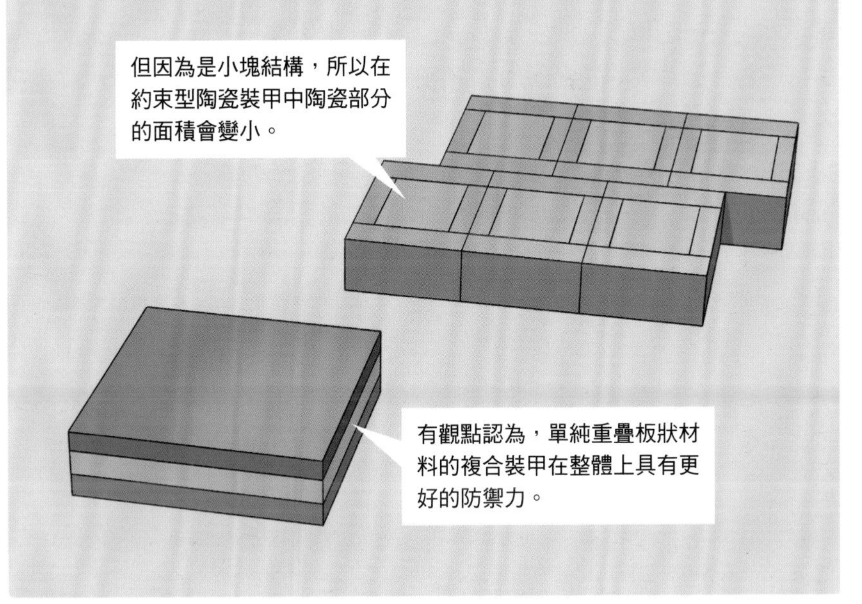

■厚重的複合裝甲只限於正面

M1的鈾合金複合裝甲若換算成過去戰車裝甲所使用的軋壓均質鋼板[※6]，那麼對APFSDS彈能發揮相當於600㎜、對HEAT彈能發揮相當於1300㎜的防禦力。然而因為使用密度大的鈾合金，所以重量增加，使M1A2成為世界最重的戰車。

想要阻擋用均質鋼板換算後，侵徹長超過500㎜的APFSDS彈，就需要增加相當程度的重量。別說是採用鈾合金的裝甲了，連使用陶瓷的裝甲其重量也不過就比「所有裝甲全都用鋼板做（數百㎜的裝甲）」還要輕一些而已。因此，這種厚重的複合裝甲只能裝設到砲塔前方與車體正面。這個判斷來自過去戰車彼此交火時，幾乎只有正面會中彈的實戰數據。

除此之外的側面、車體後方、頂部及底盤，要不就只有單純鋼板，要不就只裝備中空裝甲（2片鋼板間隔有距離的裝甲型式）。中空裝甲具有混淆HEAT彈stand off的效果；路輪及履帶外側的側裙，與車體本身也形成如同中空裝甲的構造。

由於採用了這種設計，所以正面對射時能夠發揮全武器中最強防禦力的戰車，只要被其他方向的攻擊擊中，就連單兵輕武器或許都能輕易擊毀戰車。此外，戰車防護力最薄弱的頂部就連飛機的機槍（口徑20～30㎜左右）都能打穿，這也是為什麼說飛機是戰車的天敵。

memo 侵徹體（砲彈）與裝甲的「密度」

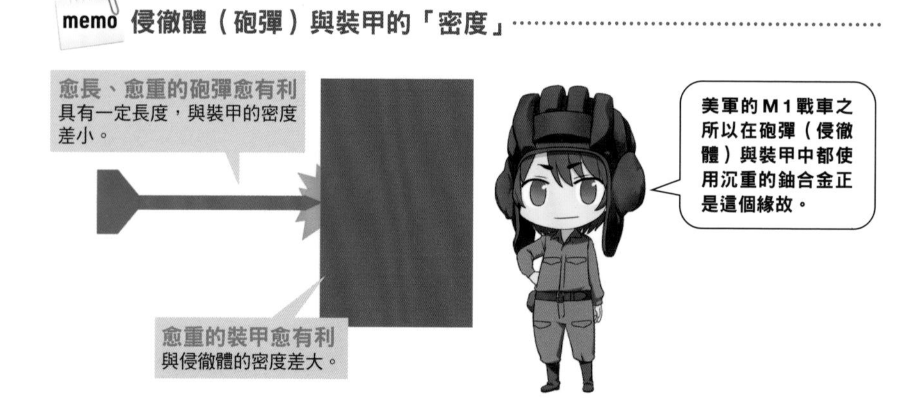

※6：軋壓均質鋼板是戰車裝甲上的主流鋼材，使用這種鋼材的裝甲稱為軋壓均質裝甲（Rolled Homogeneous Armor，RHA），現今被當成表示貫穿力及防禦力的標準。舉例來說，如果將砲彈的侵徹力形容為「RHA的600㎜」，就代表這顆砲彈可以貫穿厚度600㎜的軋壓均質鋼板。

■爆炸反應裝甲

若判斷戰車本身的裝甲沒有充分的防禦力，那就需要加裝各式各樣的外掛式裝甲。這邊就先解說「爆炸反應裝甲（Explosive Reactive Armour，ERA）」吧。

其外形像是將便當盒掛在本體裝甲的外側，盒子裡面則是「三明治」；這三明治的吐司是薄鋼板，夾心則是炸藥，當敵方砲彈擊中時會因為熱衝擊引爆炸藥，進一步將鋼板炸飛。而當鋼板斜著與HEAT彈的金屬噴流相撞時，會將噴流「截斷」，所以鋼板會設置成能夠斜向撞擊噴流的角度。

雖然爆炸反應裝甲對於不耐側面施力的HEAT彈相當有效，但面對APFSDS彈則沒有太大的作用。不過如同後面所述，蘇聯透過某項技術開發了能有效應對APFSDS彈的爆炸反應裝甲。此外，由於另一側的鋼板會猛烈撞擊車身，因此車身也需要具備一定程度的強度（戰車沒有問題，但裝甲更脆弱的裝甲車及非裝甲車輛無法掛載）。

■主動防禦系統

如果爆炸反應裝甲是「被動」的裝甲，那現代還有「主動」的防護裝備。不只是消極等待敵方砲彈、反戰車飛彈與榴彈打到自己身上，還要在中彈前就先積極迎擊。由於蘇聯研製了許多這類裝備，所以加上ERA就使蘇聯戰車的外觀看起來比西方戰車還要「厚重雜亂」；特別是軍事展的展示車輛喜歡「全套上場」，所以往往會安裝上各式各樣的「外掛裝備」，看來彷彿就像一隻刺蝟。另外，俄語中稱為「Комплекс Активной Защиты（主動防禦複合體，KAЗ［*KAZ*］）」。

主動防禦分為2種方式，一種是物理擊落攻擊自己的反戰車飛彈等武器，稱為「硬殺傷」，另一種是不讓對方瞄準自己的「軟殺傷」。

◇硬殺傷

硬殺傷指的是先透過雷達偵測到來襲的威脅，然後在數公尺的距離內從戰車上像散彈般噴射出大量重金屬球（或碎片）把砲彈或反戰車飛彈給擊

左圖為已裝備爆炸反應裝甲的T-64B1KV。覆蓋砲塔及車身的小盒子就是著名的爆炸反應裝甲「接觸1」。（照片：名城犬朗）

落（機槍或小槍的子彈等小型目標即使探測到也不會做出迎擊）。只要開啟系統，乘員什麼也不必做，系統就會自動實行以上措施。雷達設置在砲塔上方視野較好的位置，收納金屬球與火藥的多個發射筒則配置在砲塔側面等處，並調整成各式各樣的角度以能夠應對來自各個方向的威脅。全世界最早研發出具實用性主動防禦系統的是蘇聯；1983年開始，「Drozd（Дрозд，意為畫眉鳥）」裝備在當時已算老舊的T-55上並投入蘇阿戰爭中使用。從之後的使用成果來看，可以發現附近的友軍受到牽連，遭受了相當程度的損害。但即使如此其實用性仍受到認可（戰車的生還率提升至接近2倍），於是繼續著手開發改良型的「Drozd 2」或能覆蓋砲管以外幾乎所有方向的「Arena（Арена，意為競技場）」。以色列等國也研製了類似的系統。

◇軟殺傷

另一方面，軟殺傷的目的在於妨礙對方的偵測。本章中說明射擊控制系統的地方有提到，想要測量與目標的距離可使用雷射測距儀，不過除此之外雷射也很常用在飛彈的導引等各種用途。如果監測到自己正被敵方用雷射照射，那麼主要有2個方法可以來干擾敵方；第一種是發射煙霧彈，用煙霧將戰車罩起來，另外一種是用極為強力的光照射對方，使飛彈無法探測雷射的反射光。

由於用在測距儀或飛彈導引的雷射多是紅外線，所以前者在煙霧裡會使用能夠有效干擾紅外線的成分，而後者則使用紅外線作為光源。無論哪一種方法都能自動偵測、啟動。著名的有蘇聯研發的「Shtora（Штора，意為窗簾）」系統，最明顯的特徵是夾著砲管裝備在砲塔左右兩側，外型看起來像是戰車的眼睛。

◇統合兩者的「阿富汗石」

統合軟硬兩種防禦方式的就是俄羅斯最新研製的「阿富汗石（Афганит，指礦石的阿富汗石）」主動防禦系統，是下一章所介紹最新型戰車T-14所採用的標準裝備。這套系統可藉由雷達、紅外線、紫外線的複合感測器偵測危險，並自動判斷要使用煙霧彈實行「軟殺傷」還是用散彈實行「硬殺傷」。煙霧彈為12連裝並在砲塔上搭載數座發射器（T-14有2座）。散彈的發射器埋在砲塔的最下層（T-14有10個）。

雖然在戰車彼此之間的交戰中主動防禦系統不太能派上用場，但如同前面所述，戰車的弱點在於側面、背面及頂部，此時面對攻擊而來的反戰車飛彈等武器，主動防禦系統便能有效保護戰車。如果某程度上能交由系統「保護自己的背後」，那麼乘員就可以沒有後顧之憂地專心面對正面的敵人吧。此外若能夠輕量化，那麼戰車之外因重量限制而無法增厚裝甲的車輛，也可以搭載主動防禦系統來保護自己。

■避彈經始

最後來談談「避彈經始」。在日語中，將透過傾斜裝甲使砲彈跳彈的概念稱之為「避彈經始」，傾斜的目的只是追求讓砲彈打滑的效果而已。

但由於前面所提到的現代戰車砲彈（APFSDS彈、HEAT彈）所採用的侵徹原理根本與跳彈等現象沒有任何關聯性，因此無法期待避彈經始的效果。現代戰車的主裝甲有時候甚至不會傾斜。即使如此，之所以許多戰車仍然使用傾斜裝甲，是為了應對戰車砲彈以外各式各樣的攻擊。

memo 避彈經始

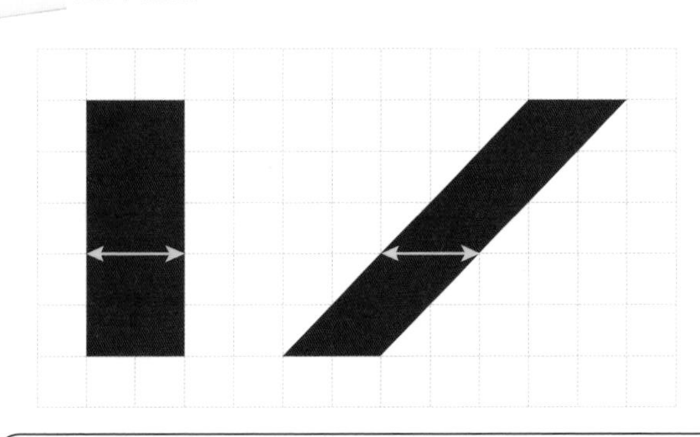

以這張平面圖比較可以看到，左右兩者的面積不變。
換言之只是要立體的裝甲板，當水平的厚度相同時，重量也會相同！
避彈經始指的是單純追求砲彈打滑效果的概念。

第 2 章

蘇聯／俄羅斯的戰車

照片：Ministry of Defence of the Russian Federation

重視「動」的戰車研發理念

接著一起來看看從蘇聯到現代俄羅斯聯邦的戰車研發歷程與歷史發展吧。就讓我們從戰車的黎明期講起，因為從戰車誕生的20世紀初期至今，戰車的演進從未間斷，持續變得更強大、更有效。

蘇維埃聯盟與其他許多國家相同，自第一次世界大戰後從當時的戰車先進國（英國或美國等）引進了各式各樣的戰車，並試圖找出究竟什麼樣的戰車更適合當作自己國家的軍事戰力。早期的戰車樣式從超輕型戰車到具備多座砲塔的移動要塞可謂應有盡有、五花八門，可以看出各國都在摸索的階段。但在經過第二次世界大戰這場人類歷史上前所未有的實戰後，漸漸收束到只剩某一類型的戰車。在本章中，將只介紹這一系延續至今的戰車血脈。

這個類型的開山鼻祖，是美利堅合眾國軍人約翰・沃爾特・克里斯蒂所開發的「克里斯蒂戰車」。日後成為世界第一「戰車帝國」的蘇聯戰車鼻祖，竟是美國、而且還未被美軍採納的戰車，實在是頗為諷刺的事。克里斯蒂戰車最大的特色是將重點放在動、攻、守三要素中的「動」，而採用這項特色也決定了之後直到現代蘇聯主力戰車的方向性。

克里斯蒂戰車非常匹配蘇聯缺乏天然要塞、平原廣袤直到地平線盡頭的土地特徵。蘇聯戰車在二戰中與同樣重視「動」的德國戰車進行了其他戰線都難以企及的大規模戰車戰，結果就是在戰後的世界裡，重視「動」的「中型戰車」發展成「主力戰車（Main Battle Tank，MBT）」並成為世界主流。

這是蘇聯以克里斯蒂戰車為基礎所開發的BT，是戰車大國蘇聯在戰車研製上邁出的第一步。
（照片：MAGATAMA）

2-1 偉大衛國戰爭前的戰車

■可說是現代戰車之祖的BT

蘇聯以克里斯蒂戰車為基礎開發的戰車稱作「БТ［*BT*］」。「БТ」是「快速戰車（Быстроходный Танк）」的縮寫，換句話說日語文獻裡看到的「BT戰車」這個表記會變成「快速戰車・戰車」的意思，其實並不恰當。

BT的特徵正在於它的走行裝置；外觀上可看見採用大直徑路輪，沒有上部支撐輪，這個設計一直沿用到戰後的T-62。BT之所以會是這種路輪配置，原因在於它採用了克里斯蒂懸吊。克里斯蒂懸吊是種將圈狀彈簧垂直配置在車體側面內側的懸吊型式，不過這樣的設計也沒有空間再裝上上部支撐輪。即使在懸吊系統改用扭力桿懸吊（水平配置在車體底部）的T-44之後的型號上，路輪的配置也依舊保持原樣（直到前面所述的T-62）。

BT還有一個獨家特色，就是能夠在卸下履帶的狀態下繼續行駛。這時候會用鏈條將最後方的路輪與驅動輪串在一起當成像一般汽車的驅動輪，而最前方的路輪可以用來操控方向。這個可以轉彎的路輪，正是只有克里斯蒂懸吊才能做到的構造。

BT有BT-2、BT-5、BT-7等型號，其中最值得介紹的是最終型號的BT-7M，這是首次搭載柴油引擎的型號。這部柴油引擎是由西班牙車廠Hispano Suiza研發的飛機用汽油引擎改造而來，不過汽缸本體為鋁合金製，是款極為優秀的引擎[※1]。將這款引擎改良後的「В-2［*V-2*］」引擎則用於T-34上，自此確定了蘇聯，乃至整個世界的戰車引擎潮流。這款偉大的引擎經過不斷改良，現在仍用於俄羅斯戰車上。

■攻守皆備、行動自如的T-34

1937年，製造這款BT的哈爾科夫（哈爾基夫）蒸汽火車工廠（183工廠）設計局（OKB-520）主任設計師由米哈伊爾・伊里奇・科什金上任。在他著手進行BT後繼戰車的開發過程中，他從日蘇之間的哈拉哈河戰役（1939年，日方名稱：諾門罕事件）中獲得教訓，將新型戰車的裝甲打造

※1：鋁合金不僅比鐵還輕，也有遠超過鐵的熱導率，具有優異的冷卻性能。

克里斯蒂懸吊與BT／T-34

下圖是克里斯蒂懸吊的專利圖片（上色與箭頭是作畫負責人所畫）。雖然細節有差異，不過大致上與BT實際的懸吊系統相同。T-34省去了路輪走行的功能，而且加長了懸吊系統的圈狀彈簧並使其往前後傾斜以提升緩衝能力。

圖片出處：Christie Walter「Suspension for vehicles」US 1836446 A（1928）

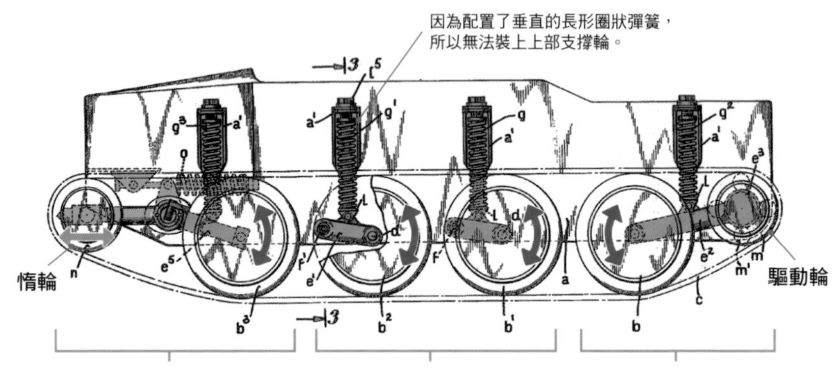

綠色所示為調整履帶鬆緊的機關，能使惰輪前後擺動。第1路輪的搖臂內部還藏有路輪走行所需的操控結構（紫色部分）。

第2～3路輪結構簡單，只有懸吊功能。搖臂以圖中「F」為軸上下擺動，減緩凹凸不平的地形所引起的震動。

以路輪走行時，用鏈條將第4路輪與驅動輪連接在一起來驅動車輛，因此第4路輪的搖臂以驅動輪為軸來擺動。

克里斯蒂懸吊是支撐蘇聯戰車頻出傑作的技術！

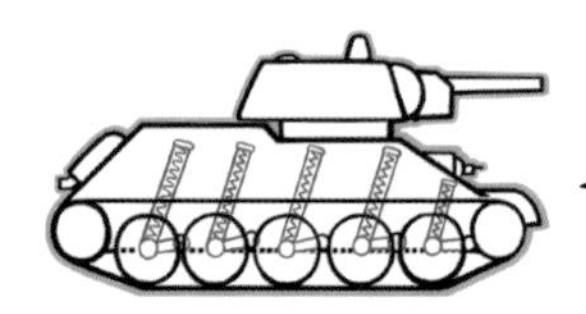

T-34雖然省去了路輪走行所需的結構，但懸吊系統仍然相似。

得比BT更為堅實。另外在測試的最後階段，新型戰車也裝備上76㎜戰車砲，提升了反戰車的戰鬥能力。最後完成的就是在「動、攻、守」所有層面上皆取得優秀平衡，名為「T-34［*T-34*］」的戰車。

T-34繼承了BT的克里斯蒂懸吊、V2柴油引擎以及引擎後部配置、後輪驅動等設計，可說是當時技術之大成。尤其是後者，至今已是全世界戰車的標準構造。

雖然T-34是全方位的優秀戰車，但要說哪點是「最佳」，那果然就是「動」這項性能了。76㎜戰車砲以及傾斜的厚實裝甲雖然都在偉大衛國戰爭的開戰初期震撼了敵方的德軍，但在這場戰爭裡各國的戰車也都在持續改良，這些特色後來就不再成為優勢；然而54㎞/h的速度和400㎞的續航力，遠遠超過Ⅳ號戰車（德）與M4（美）的性能（速度40㎞/h，續航距離200㎞）。1940年3月，科什金親自進行往返哈爾科夫到莫斯科克里姆林宮的測試，這個插曲足以象徵其強大的走行能力。

雖然史達林在克里姆林宮看過T-34之後隨即決定要量產，可是在第一台

T-34（照片：MAGATAMA）

量產車完成後沒多久，科什金便因為重度勞務而逝世。他身為主任設計師所完成的戰車僅有T-34這1車種，但也可以說是戰車史上最偉大的一台戰車。

包含哈爾科夫蒸汽火車工廠與人員疏散後的工廠在內，共曾有7間工廠生產T-34，是蘇聯在偉大衛國戰爭中之所以能戰勝最大的原動力之一。戰後包含國外授權生產在內，其生產總數達到驚人的84070輛。

■T-34的衍生型號與其他戰車的研發

T-34雖然有許多衍生型號，但其中最重要的是「T-34-85［*T-34-85*］」。原本蘇聯為了對付重火力、重裝甲化的德軍戰車，曾研發改良自T-34的實驗性戰車「T-43［*T-43*］」。這款戰車以T-34為基礎，砲塔與車身都經過改良，不過最後只移植砲塔放到T-34車體上，而這就是T-34-85。另外，這時的戰車砲強化到口徑85㎜（T-43仍是76㎜砲）。

主砲口徑變大固然重要，不過最大的進步其實是砲塔可以容納3個人了；T-34幾乎可說唯一的缺點就是砲塔僅能容納2人，在這種人員配置下，車長就必須兼任裝填手，這麼一來便對指揮或警戒產生負面影響。改善這點後，T-34的戰鬥力大幅提升。

除此之外，與T-34-85同時期還研製了包含車身在內採用全新設計的新型戰車，也就是「T-44［*T-44*］」。雖然砲塔與T-43（T-34-85）同款，不過車身整體外觀看來像是將T-34履帶之上的部分削掉，給人高度較低、更為沉穩的印象。懸吊系統改為扭力桿懸吊［※2］，並採用水平放置V-2改良型「B-44［*V-44*］」引擎的設計將引擎室簡約化。這些都沿用到了之後的蘇聯戰車上成為標準設計。

雖說T-44在1944年即制式採用並進入量產，但由於當時正值偉大衛國戰爭的白熱化階段，因此優先生產T-34，使得T-44的生產數僅止於1823輛。

※2：T-43也採用扭力桿懸吊系統。

T-44的形狀像是把T-34的車身上半部截掉的低高度設計。不過雖然T-34往往給人小巧的印象，不過即使跟戰後的戰車相比還是很大台。

歷經砲塔形狀相異的初期型號（T-54-1、T-54-2），最後出現的T-54（T-54-3）裝備著頗具特色的碗形砲塔。插圖是主砲換裝過，被稱為T-54A的型號。

2-2 後二戰世代戰車的登場

■戰後全世界最暢銷的戰車T-54

即使在偉大衛國戰爭終戰後，T-44也沒有大量生產，這是因為戰爭後期的德國或美國都研製出具有更強力火砲及更堅固裝甲的戰車，所以85㎜砲的攻擊力已經不太充足了。為此，蘇聯開始研發在T-44車身上搭載100㎜砲的新型戰車，而這就是之後的「T-54［*T-54*］」。

前面所提到「更新T-34砲塔的T-34-85」、「更新T-34-85車身的T-44」都能看到交互開發砲塔與車身使戰車逐步演進的過程，而T-54同樣也是「更新T-44砲塔」的車款。T-54的服役時期幾乎與冷戰的開端相同（1940年代中後期），受此影響T-54擁有國內35000輛，包含國外授權在內合計50700輛的生產總數，僅次於T-34，使用國家也達到60國以上。

■在T-54上增添輻射防護的T-55

誕生於第二次世界大戰末期的核子武器到了戰後已有多國研發並擁有，而且經過小型化等各種改良，屆時在戰場上已有可能作為「戰術武器」來使用。在這種情況下，常規武器也開始需要具備在核戰爭下的運用能力，換句話說就是輻射的防護能力。

由於戰車本來就是一個大鐵塊，因此比任何武器都具備更高的輻射遮蔽能力（不過需要追加屏蔽中子用的材料），接著就只剩藉由氣密設計來防止輻射物質進入戰車內。在T-54上追加這些輻射防護裝備的就是「T-55［*T-55*］」。

雖說是氣密，但因為無法做到完全，所以採用使內部壓力比大氣壓力稍微高一點的做法讓外面的氣體較難進入車內。而為了避免乘員因此缺氧，需要換氣設備，所以進氣口還加上能夠過濾輻射物質的濾網。這套設備稱為「反核能防護系統（Система ПротивоАтомной Зашитуй、ПАЗ［*PAZ*］系統）」，如今類似的輻射防護裝置已經成為全世界的戰車標準配備。

T-55擁有國內27500輛，包含國外授權在內合計42800輛的生產總數。

■世界第一輛搭載滑膛砲的戰車T-62

從T-34、T-44到T-54，哈爾科夫蒸汽火車工廠與從那裡疏散開的設計師們主導了從戰時到戰後一段時間的主力戰車研發。隨著疏散開始製造戰車的烏拉爾汽車工廠設計局（承襲OKB-520的代號）在戰後研發出來的就是「T-62［*T-62*］」。

雖然是車身、引擎、砲塔等等都繼承自T-55的正統派戰車，但其最劃時代的地方在於T-62是全世界第一款採用滑膛砲的戰車，這跟西方各國相比早了18年［※3］。原本T-62預定要搭載的是100㎜的線膛砲D-54；雖然這款火砲比T-55的100㎜砲還要強大，但被認為無法充分對抗當時新型的美軍戰車。於此同時，蘇聯開發了世界首款搭載滑膛砲（2A19）的牽引式反戰車砲T-12（口徑100㎜，1955年制式採用），對其威力給予高度評價的政府高層希望T-62也能裝備上這款滑膛砲。然而2A19的砲彈太長，無法在狹窄的戰車內裝填，而且現場人員認為其過於巨大的制退器不適合應用在戰車上。根據這些意見，最終決定研製T-62專用的滑膛砲，成品即是115㎜口徑滑膛砲2A20（U-5TS）。

然而有趣的是2A20是將D-54的膛線部分削掉後設計而成，口徑大了一圈變成115㎜，2A20藉此獲得了與同世代西方戰車的標準105㎜戰車砲（線膛砲）L7同等的貫穿力。

包含國外生產的在內，T-62共生產22700輛，並輸出到中東國家等各個地區。

T-62是世界首款裝備滑膛砲的戰車，採用的是115㎜滑膛砲2A20。（照片：MAGATAMA）

※3：西方最早的滑膛砲戰車是西德（當時）的豹2，1979年服役。

2-3 新世代戰車

■在「動、攻、守」各方面都投入當時世界最尖端技術的T-64

至今為止的戰車都能追溯到BT這個開祖，可說是同一家譜上的親族，不過這時在哈爾科夫研製了一款擁有嶄新設計的戰車：「T-64［*T-64*］」。T-64在「動、攻、守」各方面都採納劃時代的新技術，配得上其「新世代主力戰車」的稱號。

◇「守」——採用複合裝甲

在「守」這個層面，T-64是全世界第一款採用複合裝甲的戰車，這比西方戰車早了13年［※4］。當時的戰車砲塔通常以鑄造的方式生產，因此難以夾進陶瓷板等材料，不過T-64在鑄造時預先保留空間，然後填入用PU樹脂固定住的大量陶瓷球。這種裝甲能有效防禦HEAT彈，換算成裝甲用均質鋼板（RHA）相當於接觸的防禦力［※5］。但由於陶瓷球裝甲的製造非常費工夫，之後這層空間替換為更單純的鋁合金。

此外車身則採用與砲塔不同的複合裝甲——用鋼板夾進氧化矽玻璃纖維的裝甲，對HEAT彈能發揮相當於380㎜的防禦力。

往後在衍生型號的「T-64БВ［*T-64BV*］」上裝備了蘇聯製的第一世代爆炸反應裝甲「接觸（контакт）」，提升了裝甲的防禦力。型號裡的「В［*V*］」意指附加爆炸反應裝甲。

◇「攻」——125㎜砲與自動裝彈機

T-64的初期型號採用與T-62相同的115㎜滑膛砲，但從最初的改良型「T-64А［*T-64A*］」起換裝成了125㎜滑膛砲（2А26，1979年後生產的進一步更新為2А46）。125㎜口徑是直到現在全世界所有制式採用戰車裡換裝過最大口徑的戰車砲。

另外，T-64還搭載名為「6ЭЦ10［*6ETs10*］」（通稱「корзина（籃子）」）的自動裝彈機。這是各國戰車上首次採用的自動裝彈機，免去了裝

※4：西方的量產戰車中首次採用複合裝甲的是1979年的豹2，接著是1981年的M1。
※5：此部分（砲塔正面左右的裝甲部分）的厚度雖有600㎜，但如果全使用鑄鐵製造會過重。450㎜也已經接近極限。透過陶瓷球與PU樹脂（之後替換成鋁合金）的組合，不僅可以降低重量也能提升防禦力。重量與防禦力始終是必須取捨的關係。

◆火力強大的125㎜滑膛砲

自T-64A起採用125㎜砲，這個口徑也一直沿用到現在最新的T-14戰車。另外還配備世界最早的自動裝彈機。

◆世界最早的複合裝甲

鑄造砲塔內的空間填入用PU樹脂固定住的陶瓷球。不過之後變更為單純鑄入鋁合金的形式。〈插圖為想像圖〉

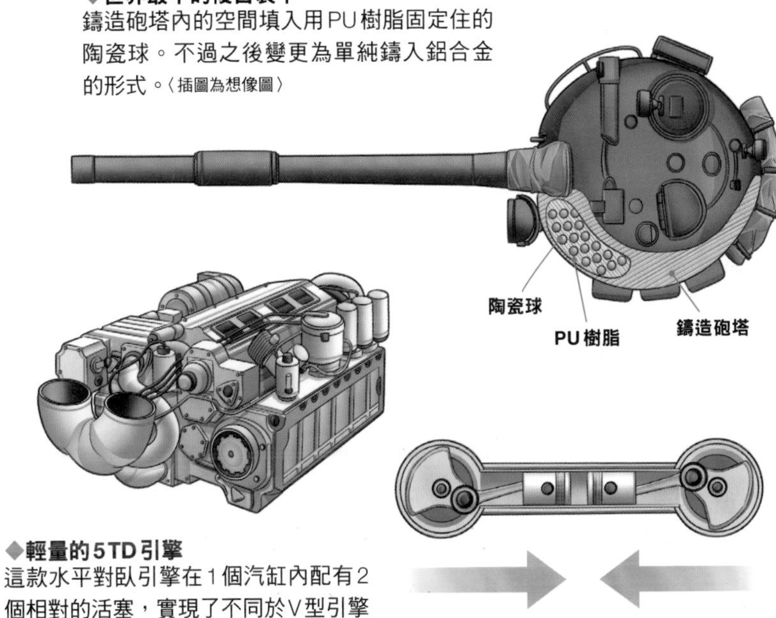

◆輕量的5TD引擎

這款水平對臥引擎在1個汽缸內配有2個相對的活塞，實現了不同於V型引擎的低車身、輕量化優點。

自動裝彈機「6ETs10」

砲彈分成前後2部分收納在裝彈槽裡，並排列在輪盤形的彈倉中。裝彈槽有鉸鏈，砲彈排列於彈倉時保持90度的屈折狀態。輪盤能夠轉動，並將任意彈種配置在砲尾後方（圖A）。裝填時機械臂往上推，使鉸鏈更加密合（圖B），最後在裝填位置打開鉸鏈（圖C）。

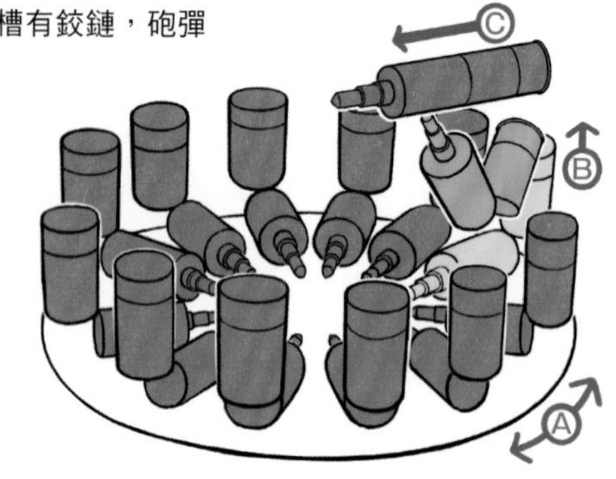

A

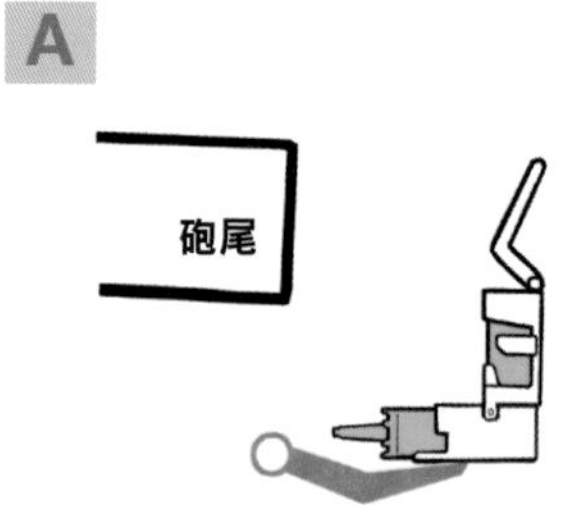

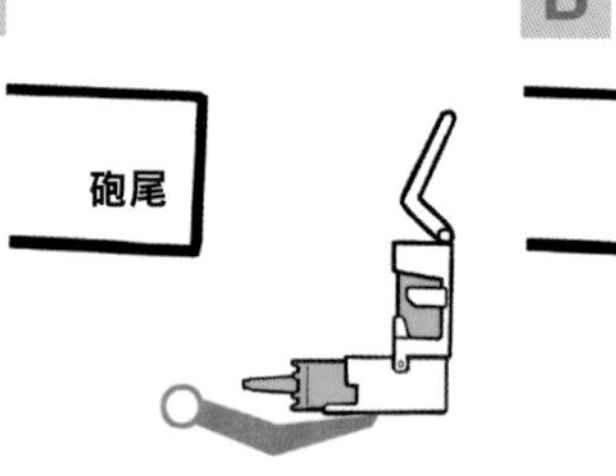

砲彈分成2部分，折成L形收納在裝彈槽裡。

B

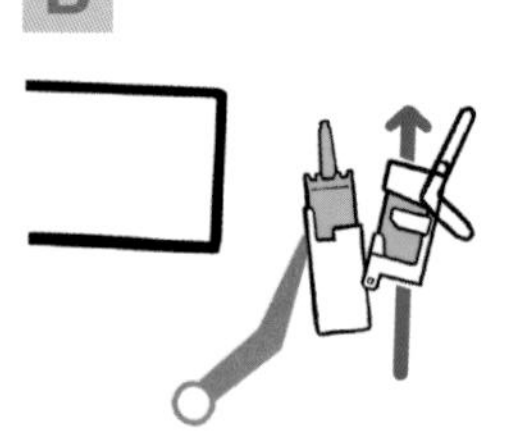

機械臂使裝彈槽進一步彎折並往上提。

C

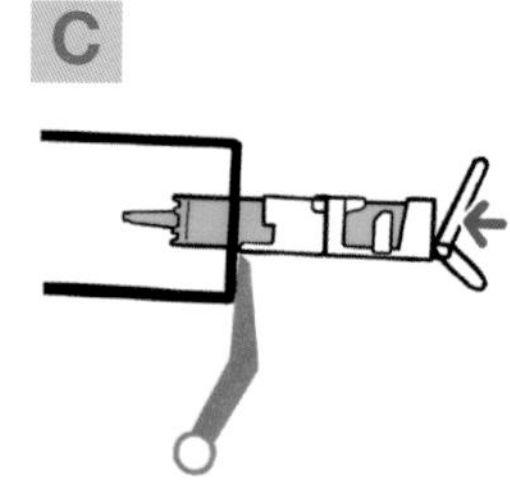

伸展裝彈槽，然後透過推彈機將砲彈推進砲尾。

自動裝彈機「6ETs40」

雖然同樣採用砲彈放射狀排列在輪盤上的形式，但分成2部分的砲彈改為裝在上下疊在一起的裝彈槽裡。裝填時動作拆分成2個階段，首先裝彈槽像電梯般上升並填入彈頭，然後再下降把裝藥填進去。

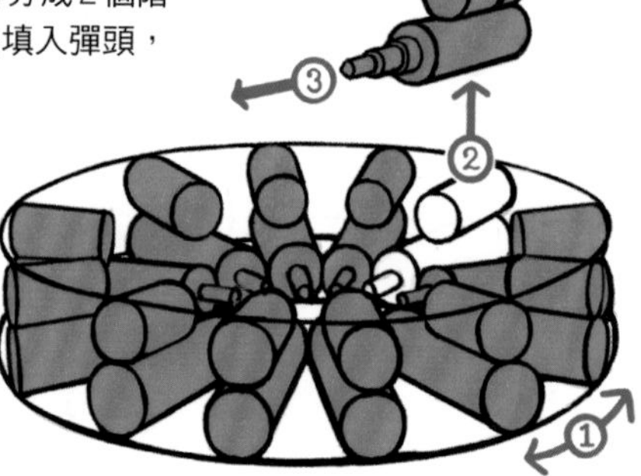

填手，使所需乘員減少到3人（車長、砲手、駕駛員）。這台自動裝彈機將裝入彈頭與發射藥的裝彈槽環狀排列在砲塔籃底部，再用機械臂提起來進行裝填，結構頗為複雜；裝彈槽屈折成90度L形的狀態排列在彈倉中，L形的水平部分是侵徹體＋發射藥，垂直部分則是發射藥，在機械臂提起的過程中將彈體調整成水平並進行裝填，裝填後空的裝彈槽再回到彈倉。由於構造複雜，不僅裝填容易出錯，據說還曾捲入乘員身體造成傷害。

為此，T-64A起搭載改良型的「6ЭЦ15［*6ETs15*］」，1985年後生產的型號則更新成新型自動裝彈機「6ЭЦ40［*6ETs40*］」（通稱「кассетка（卡帶）」）。6ETs40將同樣環狀排列在砲塔籃底部的裝彈槽以像是電梯的方式提起來並裝填。裝彈槽分成上下2個圓筒並貼在一起，下方是侵徹體＋發射藥，上方是發射藥，在提起同時依序進行裝填，裝填後空的裝彈槽再回到彈倉。

然而6ETs10及6ETs40皆採用分裝彈頭與發射藥的形式，因此有著侵徹

T-64（照片：多田將）

體無法做太長的缺點，而且因為彈藥就在乘員腳下，中彈時火勢延燒會使得乘員暴露在危險之中，所以安全上也有問題。

這樣的砲彈配置往往被揶揄成蘇聯／俄羅斯戰車的「缺點」，甚至產生許多誤解，認為「西方戰車將所有砲彈都收納在（沒有延燒可能性的）砲塔後方的尾艙[※6]」，但實際上西方戰車不只將砲彈放在尾艙，車內也放了不少，比如豹2上尾艙的砲彈僅1／3，剩下2／3都放在車內（裝填手前方）。毋寧說砲彈集中在車身下方的蘇聯戰車由於直接中彈的可能性低，可說更為安全[※7]。

在攻擊層面上自改良型號的「T-64Б［*T-64B*］」開始，最大的特徵是換裝新型125㎜砲（2A46）並能發射反戰車飛彈。這款反戰車飛彈9M112（含導引裝置等在內的整個系統全稱為9K112）能夠對應6ETs10／15的裝填構造，因此收納在彈倉時也是呈90度L形；裝填時伸展開來，並將飛彈

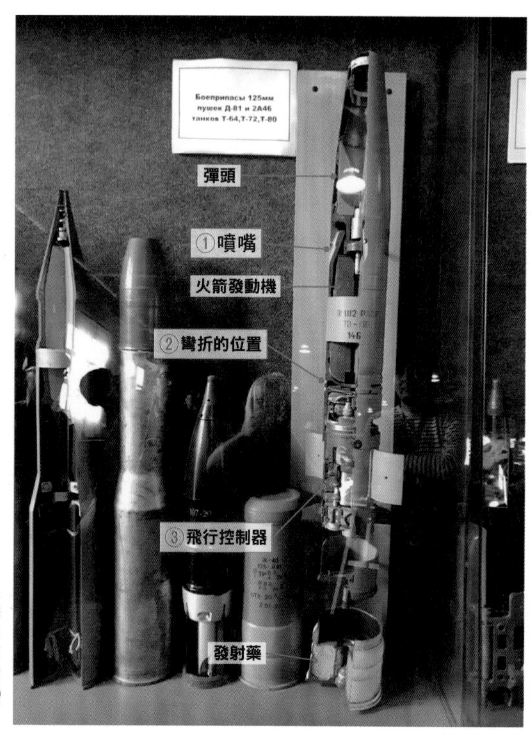

這是9M112反戰車飛彈。為了收納在T-64的自動裝彈機裡，飛彈在中間位置攔腰折成L形（①），並採用了前方部分的側面有火箭發動機的噴嘴（②），後方部分有飛行控制器（③）的特殊結構。（照片：多田將）

※6：尾艙是戰車上突出於砲塔後方的部位。這個構造常見於西方戰車，其中收納著備用砲彈。
※7：蘇聯戰車將砲彈集中在車身底部，因此實現了比西方戰車更小型、車身更低的設計。

前後2部分組裝為一體。飛彈的構造上，前方（相當於砲彈侵徹體＋發射藥的部分）裝有成形裝藥彈頭與固體火箭發動機，後方（相當於砲彈發射藥的部分）裝有飛行控制器與為了射出砲管所需的發射藥。雖然說到飛彈會給人一種從尾端噴嘴噴出燃氣的印象，不過因為9M112有著複雜的結構，所以是從彈體側面的4個噴嘴噴出燃氣。

可惜的是這款飛彈不能用在後來的6ETs40上，這是因為上下分裝的裝彈槽會在旋轉方向上給前後部分一定的自由度（簡單講就是會錯開），所以裝填時不一定能夠順利組合在一起。為此，蘇聯研製了將所有飛彈機能整合在前方部分的9M119（系統全稱為9K119，後方部分是為了從砲管射出的裝置）。9M119在俄羅斯的現役戰車T-72／T-80／T-90上都能使用，是目前砲射式反戰車飛彈的主力。

◇「動」——新型的5汽缸水平對臥引擎

T-64在引擎性能上追求簡易強勁的結果，最終採用了水平對臥引擎「5TД[*5TD*]」。如名稱所示，這款引擎有5個汽缸，1個汽缸裡配有2個方向互對的活塞。水平對臥引擎俗稱「拳擊手引擎」，這是因為汽缸看起來像是朝彼此「互相擊打」，不過這5TD的形式才足以稱作真正的拳擊手引擎[※8]。有趣之處在於，5TD是由蒸汽火車的引擎柴油化之後所製造而成，可說是哈爾科夫蒸汽火車工廠才能辦到的絕活。引擎輕量化也為整個車身的小型化及重量減輕做出貢獻。此外，路輪及履帶等走行裝置脫離了自BT以來的傳統配置，採用全新的設計。

像這樣「動、攻、守」面面俱到、充滿野心的裝備與機關全收束在僅36噸的重量裡，其設計之精巧實在是令人歎為觀止。T-64由於自動裝彈機及5TD引擎的缺陷，在西方陣營裡有部分人認為「正因為是失敗作所以只有少量的生產」，然而製造了12000輛的戰車被稱作「失敗作且產量少」，那我就想問幾乎所有戰車的生產量都在T-64以下的西方戰車又該怎麼評價呢？我還想特別強調，在俄烏戰爭（2022年～）中2022年9月烏軍那名留青史的大反攻裡，作為烏軍主力活躍於戰場上的，正是這T-64。

※8：一般汽車的拳擊手引擎是1個汽缸配1個活塞，然後夾著曲軸把汽缸配置在兩側，因此這些引擎實際上並非是活塞兩相對峙且會「互相擊打」的構造。5TD則採用的是1個汽缸裡有2個活塞彼此相對，而且會「互相擊打」的設計。

■以T-64為基礎改裝成燃氣渦輪引擎的高性能戰車T-80

將T-64的引擎替換成燃氣渦輪引擎的即是「T-80［*T-80*］」，而且採用燃氣渦輪引擎的時間也比西方早了5年［※9］。雖是T-64的改良型，但不是由哈爾科夫而是由位在列寧格勒的特別設計局（SKB-2）所開發，並在列寧格勒與鄂木斯克進行生產。這款燃氣渦輪引擎「ТД-1000Т［*GTD-1000T*］」作為戰車用引擎小巧輕量得令人驚訝，卻有著引以為傲的1000匹馬力。另一個出人意料的優點是燃氣渦輪引擎能抵禦極寒天氣，有著相當亮眼的表現。柴油引擎無法發動的地方，燃氣渦輪引擎能夠發動。憑藉著這點，即使是目前的俄軍在寒冷地帶也會優先投入T-80。

引擎之後也逐步改良，到了「T-80Б［*T-80B*］」搭載的是GTD-1000TF（1100匹馬力），「T-80У［*T-80U*］」更升級到GTD-1250（1250匹馬力）。T-80U的27HP/t功率重量比［※10］可說是世界之最（M1A2、豹2A6都是24HP/t）。

然而引擎雖有著高功率，但同時油耗之高卻也令人束手無策，尤其是初

T-80（照片：多田將）

※9：西方唯一的燃氣渦輪引擎戰車是美國的M1，自1981年開始服役。
※10：功率重量比（HP/t）用來表示每單位重量（t）的功率（馬力、HP），這個數值愈高機動性就愈好。

期的GTD-1000T其油耗表現差勁無比。雖然蘇聯是世界首屈一指的產油國，但再怎麼採集石油，需要頻繁補給的戰車也會在運用上造成問題。為此，將T-80U的引擎換成柴油引擎的「T-80УД［*T-80UD*］」也同時進行生產。T-80UD的引擎從T-64的5TD引擎升級而來，新增1個汽缸成為6TD；雖然動力輸出比T-80U低，但更加省油。T-80UD在蘇聯時期由哈爾科夫製造，不過蘇聯解體後因烏克蘭成為獨立國家，於是烏克蘭自行研發了改良型的T-84。

相較於T-64，T-80在防禦力及攻擊力層面也有長足進步。T-80初期型號的裝甲原先採用的是T-64初期那種埋進陶瓷球的方式（但比T-64厚），不過自T-80B起改用約束型陶瓷複合裝甲，不只能防禦HEAT彈，也能有效對付APFSDS彈。面對APFSDS彈，T-80正面裝甲的防禦力若換算成裝甲用均質鋼板（RHA），那麼初期型號相當於500㎜，T-80B為550㎜，T-80U更是達到650㎜（恐怕是包含後述爆炸反應裝甲的數值）。此外，自T-80U開始在車身側面也使用約束型陶瓷裝甲。

關於T-80U的防禦力，還得關注到新型的爆炸反應裝甲「接觸5（кон-

以T-80UD為基礎，烏克蘭自行改良研發的T-84。（照片：U.S. Army photo by Spc. Rolyn Kropf）

T-80型的變遷

T-80
T-80（1976）
- **陶瓷球式裝甲**
- **GTD-1000T引擎（1000HP）**

T-80Б
T-80B（1978）
- **約束型陶瓷裝甲**
- **GTD-1000TF引擎（1100HP，從80年型開始）**
- **裝備反戰車飛彈系統9K112**

升級射控系統，並能開始運用砲射式反戰車飛彈系統。插圖是裝備小型ERA「接觸1」的BV型。BV型至今仍是現役戰車。

T-80У
T-80U（1985）
- **約束型陶瓷裝甲**
- **GTD-1250TF引擎（1250HP，從90年型開始）**
- **裝備反戰車飛彈系統9K119**

裝備ERA「接觸5」，提升對APFSDS彈的防禦力。大型的接觸5覆蓋砲塔前半，與橡膠側裙一同形塑平扁的砲塔形狀。將這個U型換裝成柴油引擎（6TD引擎／1000HP）的型號即是UD型；雖然外觀看起來幾乎相同，但惟有車身後方的引擎排氣口形狀完全不一樣。

T-80型戰車的最新型號。因裝備了新的大型ERA「化石」，所以砲塔有著像算盤的特殊菱形外觀。雖然主要服役於北極圈的部隊，但也投入到了俄烏戰爭中。

такт-5）」。接觸5除了HEAT彈，最大的特色是也能有效抵禦APFSDS彈。根據部分說法，接觸5的效果等於追加了200㎜鋼板的防禦力（如後述，視侵徹體形狀而異）。

說到怎麼讓爆炸反應裝甲追加對APFSDS彈的防禦力，講起來很簡單，就是把要炸飛的鋼板「加大加厚」；當APFSDS彈撞擊到大片鋼板時，就連侵徹體都會隨之折斷。美軍曾購買接觸5並進行實驗，發現當時標準的砲彈M829A2彈竟然會折斷，因此重新設計原本變得愈來愈細的侵徹體，改而採用拉長侵徹體長度的方針（幾乎等於砲彈的全長），最終開發出的便是難以折斷的M829A3彈。之後能與接觸5進行互換的新型爆炸反應裝甲「化石（контакт-5）」研發完成，以T-80型為首，T-72／T-90型等戰車也從最新型號開始更換為這款新的爆炸反應裝甲。化石相較於接觸5，面對APFSDS彈能提供1.4倍、面對HEAT彈能提供2.1倍的防禦效果。

在攻擊力上，雖然裝備與T-64B相同的125㎜滑膛砲（2A46），不過雷射測距儀、熱像儀、包含以上在內的射控系統、火砲穩定器等等皆完成更新，使T-80戰鬥能力大幅提升。此外從T-80B開始還能使用砲射式的反戰車飛彈。

■藉著可靠設計獲得今日主力地位的T-72／T-90

如同前面所述，T-64在「動、攻、守」各方面都融入了當時最具革命性的新技術，然而作為開發計畫失敗時的「保險」，其實蘇聯還研製了另一款戰車：「T-72［*T-72*］」。本車由烏拉爾設計局（OKB-520）所設計、開發，而烏拉爾設計局則是經手T-64的哈爾科夫工廠最強勁的競爭對手。從這歷史緣由出發，T-72成為一輛在所有層面上都與T-64不同，某種意義上相當「保守」的戰車。

在「動」這方面，採用傳統V-2系柴油引擎「B-46［*V-46*］」（從T-72B開始換為「B-84［*V-84*］」引擎）。在「攻」這方面，T-72同樣裝備125㎜滑膛砲，不過自動裝彈機從一開始就搭載前述的6ETs40「卡帶」（原本6ETs40就是為了T-72所開發）。

T-72（照片：多田將）

T-72 Урал
T-72 Ural

相較於充滿野心的T-64，T-72選擇可靠的設計，使它獲得「好用耐操」的評價，在國內外共生產3萬輛以上，成為東方集團最暢銷的戰車。

T-72B開始採用「三明治」式的複合裝甲。砲塔正面左右方排列著夾進橡膠的鋼板。這種裝甲通過讓砲彈穿越硬鋼板、軟橡膠及空隙等各種不同材料給予APFSDS彈衝擊，並藉此減弱砲彈的能量。
〈插圖為想像圖〉

從T-72發展而出的T-90，自T-90A開始採用焊接砲塔，因此變成像西方戰車般有稜有角的形狀。最新型號T-90M搭載了新世代戰車T-14的各種技術，是大幅提升了性能的型號。

T-90M Прорыв
T-90M Proryv

T-72型的變遷

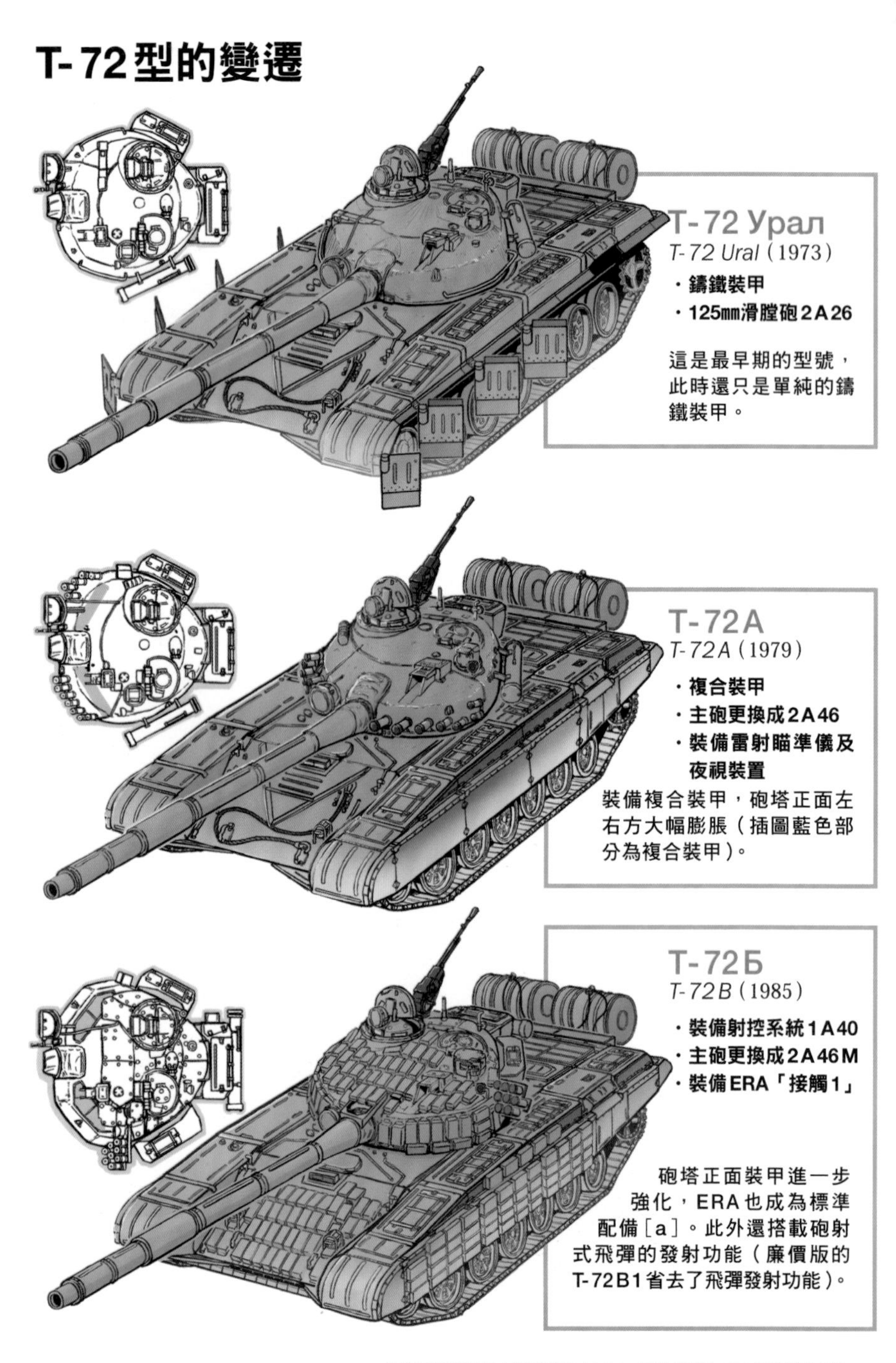

T-72 Урал
T-72 Ural（1973）

- 鑄鐵裝甲
- 125㎜滑膛砲2A26

這是最早期的型號，此時還只是單純的鑄鐵裝甲。

T-72A
T-72A（1979）

- 複合裝甲
- 主砲更換成2A46
- 裝備雷射瞄準儀及夜視裝置

裝備複合裝甲，砲塔正面左右方大幅膨脹（插圖藍色部分為複合裝甲）。

T-72Б
T-72B（1985）

- 裝備射控系統1A40
- 主砲更換成2A46M
- 裝備ERA「接觸1」

砲塔正面裝甲進一步強化，ERA也成為標準配備[a]。此外還搭載砲射式飛彈的發射功能（廉價版的T-72B1省去了飛彈發射功能）。

a：生產初期的車輛未能及時裝上ERA，因此裝備有ERA的型號有時也稱為「T-72BV」，但這並非正式名稱。

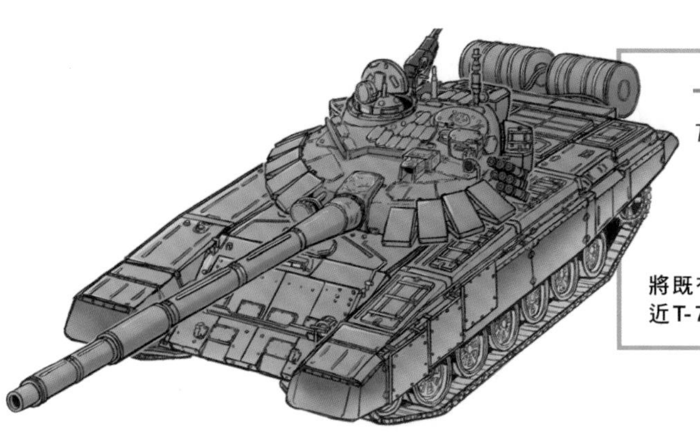

T-72БA

T-72BA（1999）

- **裝備ERA「接觸5」**

將既有的T-72改修為接近T-72B的近代化型號。

T-72Б2

T-72B2（2006）

- **主砲為2A46M5**
- **更新射控系統的電子設備**
- **裝備新型ERA「化石」**

搭載與T-90相同的主砲、引擎（V-92）及ERA等等，是T-72的大幅改良型，然而因為價格昂貴只有少量樣車進行了改修。

T-72Б3

T-72B3（2011）

- **主砲為2A46M5**
- **裝備ERA「接觸5」**

用來代替因價格昂貴未能投入部隊的B2型。原本採用V-84引擎，不過自2016年型起強化為V-92。

前東德軍的T-72M1（以T-72A為基礎的外銷型）。T-72系列以前東方集團國家為首在世界各國廣泛採用，至今仍有許多現役的T-72。（照片：MAGATAMA）

T-72的V-46引擎。（照片：MAGATAMA）

T-90型的變遷

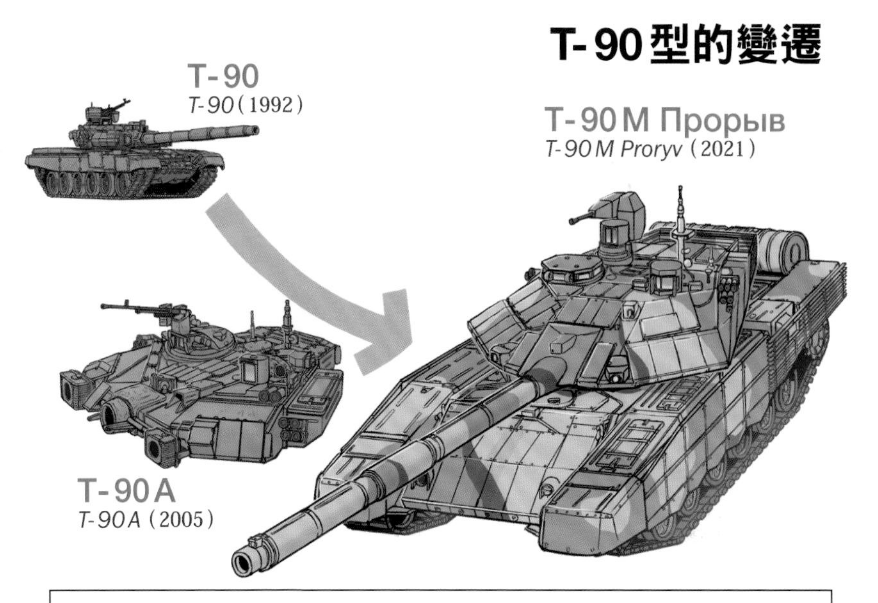

從T-72BU開始重新命名為T-90。T-90原先是跟T-72相同的鑄造砲塔，不過從T-90A開始採用焊接砲塔，外形變得有稜有角。最新型號T-90M裝備了ERA「化石」。

至於「守」，自T-72B開始採用在砲塔正面左右方隔出空腔，空腔內交疊排列多個夾進橡膠的鋼板「三明治」夾層這種複合裝甲型式。這種裝甲的原理是透過多次讓砲彈穿過堅硬鋼板、柔軟橡膠與空隙等各種異質材料的方式減輕砲彈的威力，使砲彈喪失能量。

1980年代後期，在T-72衍生型T-72B上移植了T-80的射控系統等電子設備以及接觸5，進一步開發出了戰鬥能力提升的T-72BU；然而在幾乎同時爆發的波斯灣戰爭（1990～91年）中，T-72被美軍的M1打得落花流水。雖說這裡被擊毀的T-72皆為外銷型，沒有像B型那樣的特殊裝甲，電子設備也頗為落後，可是這樣的戰績仍然重挫了T-72的品牌形象，因此T-72BU最後不再使用「T-72」的名稱，重新命名為了「T-90［*T-90*］」。

T-90原先採用跟T-72相同的鑄造砲塔（以及正面裝甲），不過自2005年起服役的「T-90A［*T-90A*］」更改為鋼板焊接式的砲塔，因而能更妥善地佈置複合裝甲。此外，引擎搭載V-2系的新型引擎「B-92［*V-92*］」。V-92

的功率為1000匹馬力，跟初代V-2的500匹相比終於達到了2倍。

以T-90A為基礎換裝新型砲塔、射控系統及變速箱的升級版為「T-90M［*T-90M*］」，從2020年起引進俄軍。T-90M的爆炸反應裝甲是新型的「化石」，此外也跟後述的T-14同樣配備了主動防禦系統。

T-72僅在國內就生產了22000輛，包含國外授權在內共生產30000輛，至今仍有42個國家運用著T-72（這數字不包含T-90）。雖然西方陣營給予的評價不高，但戰車並非總是需要與最強的敵人交手，重要的是能夠應付各式各樣任務的「方便好用」。從這點來思考，那T-72可說是相當優秀的戰車吧；除了現在仍有許多國家使用這點之外，改良型不斷推陳出新、在今日俄羅斯主力戰車中佔有一席之地，這些也都證明了T-72的優秀程度。

現在除了T-90型，正統T-72型中也誕生了T-72B3這款最新型號。跟初代T-72相比，其強大早已不可同日而語。

T-90A。固定在砲塔正面主砲左右方的盒狀物體，就是軟殺傷主動防禦系統「窗簾」。（照片：名城犬朗）

2-4 21世紀的戰車

■可謂是集大成的高階次世代戰車T-14

1991年蘇聯解體後誕生了俄羅斯聯邦，不過此時仍計畫著手研發一輛新型戰車。由於烏克蘭獨立後哈爾科夫工廠成為外國，因此在俄羅斯由烏拉爾工廠主導這款新型戰車的研製。原先這輛戰車被稱為「T-95［*T-95*］」，但至2010年時決定中止研發，並將這多年研發過程中培養的技術運用在全新設計的戰車上，也就是「T-14［*T-14*］」。T-14首次在2015年的偉大衛國戰爭勝利日閱兵［※11］中亮相，可說是蘇聯／俄羅斯從T-54開始生產了13萬輛，含國外生產共17萬輛戰車的戰車技術集大成作品（順帶一提同時期的美國戰車總生產數為5萬輛）。

■集中於車身的乘員配置及無人砲塔

T-14最劃時代的設計是採用無人砲塔，車長、砲手及駕駛員全部配置在車身一側（以往的駕駛席附近），3人橫向排成一列坐在一起。因駕駛艙與

在莫斯科的武器展上展示的T-14。（照片：綾部剛之）

※11：俄羅斯將每年5月9日定為偉大衛國戰爭的勝利紀念日，會在莫斯科舉辦大規模的閱兵式。

彈藥庫分離，所以大幅提升了乘員的生存率，此外這麼做也能將需要防禦的區塊體積降至最小。戰車裝甲的功能原本就是用來保護乘員，而將乘員所需空間縮小，表示在同樣防禦力（裝甲厚度）下可以減輕裝甲整體的重量。不過這樣的配置使車長若要取得車外的資訊就必須仰賴各種感測器，如果感測器遭到破壞便有資訊取得困難的問題［※12］。

T-14配備了從蘇聯時期開始便積極開發至今的最新型主動防禦系統、反車輛／反飛彈雷達、紅外線搜尋儀、活用GLONASS［※13］等等的射控系統，看起來簡直像是一台電子儀器的集合體。

搭載的戰車砲口徑為以往常見的125㎜，但型號更新為新型的2A82。由於砲塔籃隨著無人化而變得寬敞，T-14可以使用侵徹體更長的新型砲彈，被認為具有遠超過以往任何戰車的貫穿能力。初速度為2000m/s，貫穿力換算成裝甲用均質鋼板（RHA）為850㎜以上（甚至有說法認為是1000㎜）；如果這些數值是真的，那麼T-14的主砲能夠擊穿世界上所有戰車的主

T-14的砲塔。可以看到左右側的上方裝有煙霧彈的發射器。另外砲塔基部也能看見朝向各個角度的迎擊用散彈發射筒，這些發射筒組成了主動防禦系統「阿富汗石」。（照片：木村和尊）

※12：車長的職責是掌握戰車周圍的狀況、偵測敵方，然後進行判斷並對乘員下達指示，因此過去的戰車都會將車長配置在視野開闊的高處，透過砲塔上方的光學、紅外線等觀測儀器或是肉眼來收集車外的資訊。

※13：俄文：ГЛОбальная НАвигационная Спутниковая Система、ГЛОНАСС（GLONASS）為俄羅斯獨有的衛星導航系統。

要裝甲，說是世界最強的戰車砲也不為過。另外，T-14未來還可以換裝口徑更大的152㎜砲（2A83）。

動力系統採用稀有的X型引擎，雖然輕巧但能發揮1500匹馬力，並使用主動式懸吊系統，是俄製戰車少見的高級配置。

■俄烏戰爭的影響

如上所述，T-14是目前全世界最為先進，恐怕也是最強大的戰車，然而問題在於實在太高級、太昂貴，因此生產數始終無法提升。當初T-14登場時，在軍事環境上就已經漸漸失去與M1或豹2正面交火的必要性，而且身為前線的戰車乘員，肯定也比較喜歡熟悉已久的T-72及T-80。實際上俄羅斯陸軍在寒冷地帶投入的是T-80的最新型號「T-80БВМ［*T-80BVM*］」（T-80BV改造後的型號），而在這之外的地區則投入T-72的最新型號T-72B3，因此之前多數人認為應該沒有T-14出場的機會。

戰車運用的環境產生劇烈變化的契機，是2022年2月開始的俄烏戰爭。在戰爭中，裝甲戰力的有效性重新受到了矚目。同一年的9月，烏軍在哈爾科夫東方藉由裝甲部隊實行歷史性的大反攻，一口氣奪回被俄羅斯佔領的領土。而這場戰鬥象徵著即使到了21世紀，裝甲部隊的破壞力仍然駭人、強大。

在2022年年末的階段，戰局對俄羅斯來說相當嚴峻，許多報導指出在武器生產這方面也頗有難處。有了這些戰爭教訓，俄羅斯會下決心正式投入T-14的量產，還是持續目前採用既有戰車的路線，我想是值得注意的地方。

最後說到T-14的名字，以「阿瑪塔（Армата，俄羅斯第一座大砲的名字）」為人所知，但這其實是一系列通用平台（車體及走行裝置）的名稱，並不是專屬於這款戰車的名字（關於通用平台將於第3章詳細講述）。

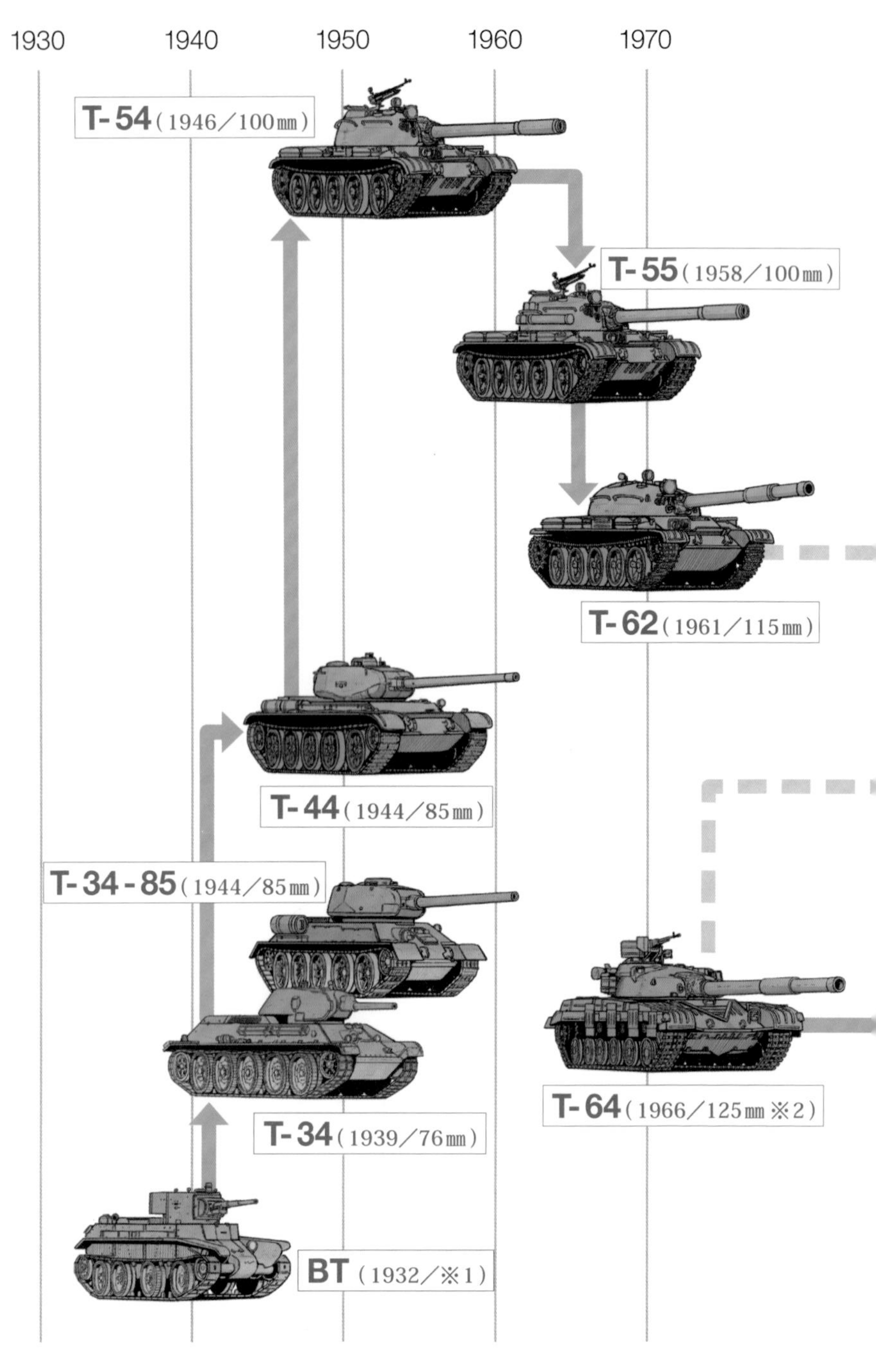

※1：BT的主砲從37mm～45mm（以及近戰支援用的76mm）不等，隨型號有所差異。插圖是BT-7（搭載45mm砲）。
※2：初期型號的T-64搭載115mm砲。

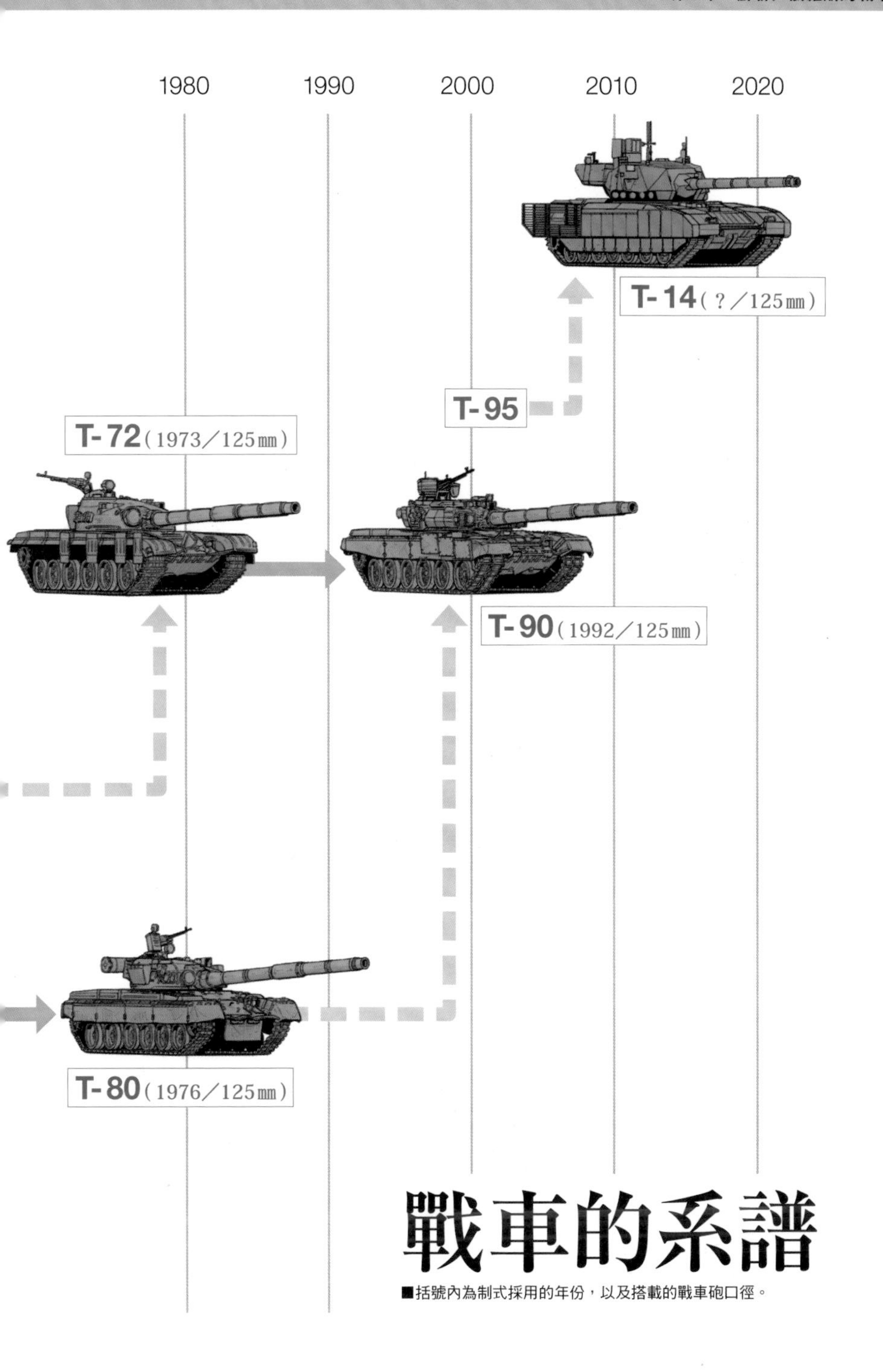

戰車的系譜

■括號內為制式採用的年份，以及搭載的戰車砲口徑。

從路輪辨識蘇聯戰車

蘇聯被稱作戰車大國，戰車的種類豐富多樣，其中有許多車種直到現在的俄羅斯聯邦也持續受到運用。由於外觀看起來都很像，因此或許不少人會覺得辨識起來相當困難，但其實只要看路輪的配置就能夠區分。

使用小型路輪，路輪之間的間隔很寬。

路輪之間的間隔並非相等，有些地方間隔比較寬（箭頭指示處）。另外，固定在砲塔後方的通氣管也很粗（有時候不會裝上去）。

路輪很大，間隔相等而且沒有什麼縫隙。此外T-72／90型還有個特徵是在左側面後方有引擎排氣口（其他戰車在車體後方）。

（照片：名城犬朗）

第3章

戰車以外的戰鬥車輛

照片：Ministry of Defence of the Russian Federation

蘇聯期待的戰爭形式

第2章介紹的戰車雖然的確是陸戰的主角，但只有戰車是無法作戰的，除此之外還有各式各樣的武器、兵種以及士兵；只有當所有人都確實發揮其功能、好好完成自己的工作，才能驅動這巨大的戰鬥體制。在本章中，將解說那些戰車以外的戰鬥車輛。

每個國家都會基於自身的國防方針制定軍事準則〔※1〕，並籌措、採購具備適當性能的武器與裝備，以實現軍事準則中所規定的戰鬥方式。因此，首先我們將說明蘇聯的軍事準則，看看當年他們構思了「什麼樣的戰鬥方式」。

※1：軍事準則（doctrine）指的是一國軍隊「以什麼方式戰鬥」的基本運用思想，國家將依據此軍事準則教育將士、編成部隊並籌措武器。換言之，軍事準則就是軍隊的設計圖。另外，doctrine也用來表示政治、外交的方針及思想（例：杜魯門主義Truman Doctrine）。

3-1 縱深作戰理論

■透過壓倒性的地面戰力實現具有縱深的進攻

米哈伊爾・尼古拉耶維奇・圖哈切夫斯基在1925年以年僅32歲的年紀就任紅軍參謀總長，1935年42歲時成為蘇聯首批「元帥（蘇聯元帥）」。他從自身的戰鬥經驗中總結出了影響日後深遠的「縱深作戰理論（Теория глубокой операции）」。1936年發表的紅軍軍事準則文件「紅軍野戰規範」由他主導編輯完成，其中便採用了這個理論。雖然圖哈切夫斯基因為自身過於優秀的才華而被史達林盯上，在隔年的紅軍大清洗中遭到處刑，但他的縱深作戰理論之後仍成為紅軍，乃至蘇聯軍隊的軍事準則基礎。

縱深作戰理論究竟是什麼意思呢？自古以來便有「縱深陣」這種防禦陣形，藉由在敵人的進攻方向上佈置具有厚度（深度）的陣形來吸收敵方的進攻力道。縱深作戰理論則與此相反，反過來「縱深地（有深度地）進攻敵方」。

首先，當作主要戰力的裝甲部隊分成至少2層，先由第1梯次編隊攻擊、

縱深作戰理論

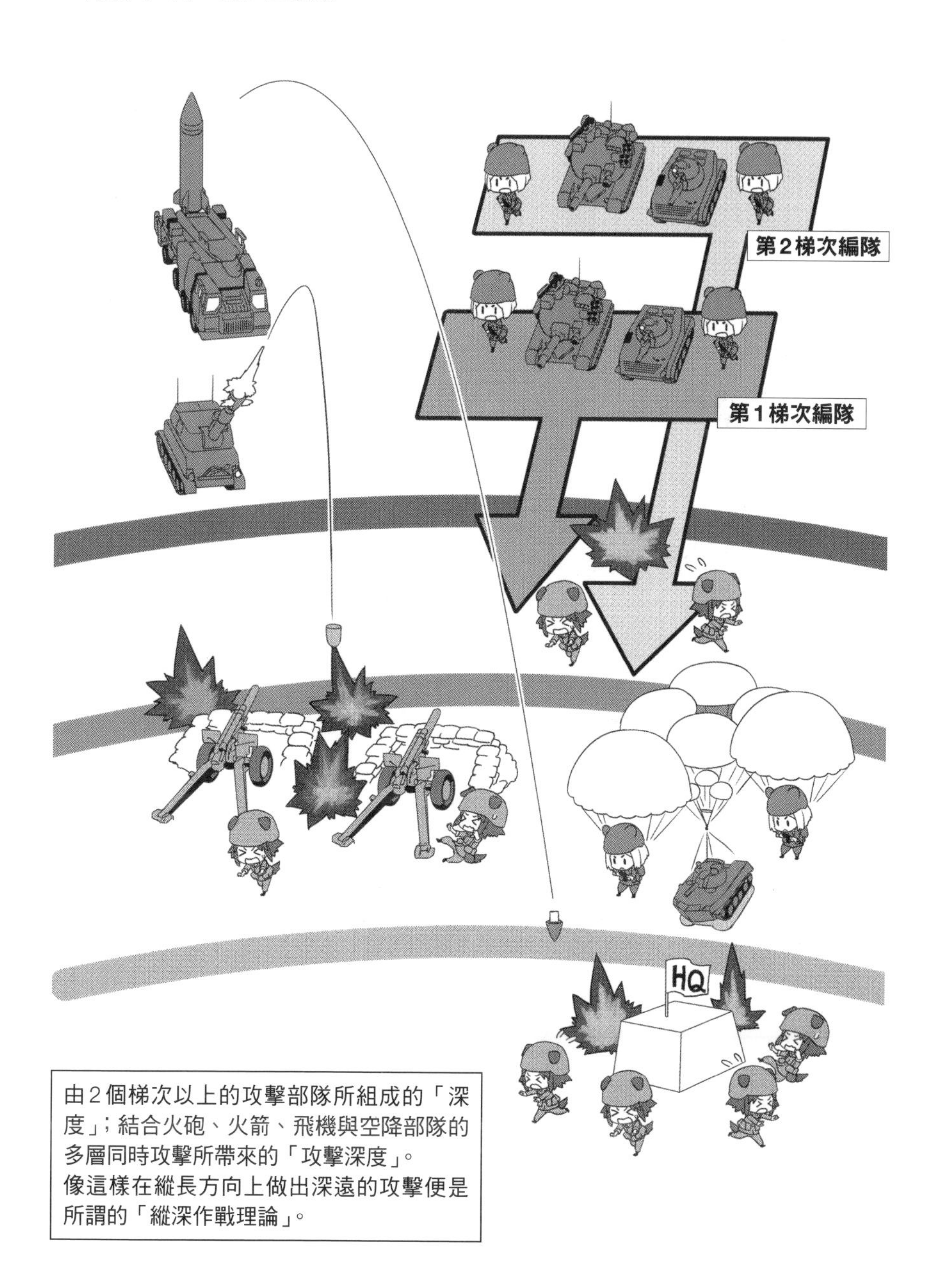

由2個梯次以上的攻擊部隊所組成的「深度」；結合火砲、火箭、飛機與空降部隊的多層同時攻擊所帶來的「攻擊深度」。
像這樣在縱長方向上做出深遠的攻擊便是所謂的「縱深作戰理論」。

突破敵方的進攻。由於再怎麼強力的部隊都有突進的極限，因此到了某個地點就會停下來，此時位於後方的第2梯次編隊便追過第1梯次，繼續向著敵方突進（超越攻擊）。最後像這樣連續打擊敵方，不給對方喘息的機會。可以看出裝甲部隊這時候深入了縱長方向（進攻方向）。

接著協助裝甲部隊進行火力支援的砲兵部隊，要透過在最前線支援的短射程砲、砲擊敵後方的中射程砲、砲擊更後方的長射程砲、以及能夠對敵方深處施加打擊的多管火箭砲或戰術火箭（短程彈道彈）等等，針對各個距離同時進行全面、多層的攻擊，藉此摧毀敵方後部，不讓敵方有重整態勢的機會。換句話說，砲擊的範圍也深入了縱長方向。

對敵方深處的攻擊除了運用野戰砲及火箭外，還需要加上飛機的攻擊，盡可能同時攻擊到敵方更後方的位置。而在最深處，也就是敵人的背後最好還要投入空降部隊，截斷敵方的後路（順帶一提，蘇聯／俄羅斯的空降部隊由於考量到可能會與敵方戰車部隊衝突，因此擁有遠超他國空降部隊的厚重武裝。關於此點後面會再提到）。綜上所述，縱深作戰理論不只單純在戰鬥的最前線，而是在整個作戰層面上都以「縱長深遂」的攻擊為目標。

為了實現這樣的作戰方式，就需要壓倒性的裝甲戰力、射程多樣的各種野戰砲及火箭武器、以及航空打擊力與重裝備的空降部隊等等。關於裝甲戰力的籌備，與第1章提到凌駕在西方陣營之上的大量戰車生產有關。在本章中，我將解說戰車以外能夠支撐縱深作戰理論的各種地面武器；至於野戰砲及火箭武器，我則會在第4章進行解說。

3-2 裝甲運兵車

■跟隨戰車的步兵

「壓倒性的裝甲戰力」中，關於戰車我已經在第2章詳述，然而所謂的「裝甲戰力」，僅有戰車是無法成立的。只有戰車單獨衝鋒會變成什麼情況呢？歷史上曾發生過一場頗有意思的例子，那就是第四次以阿戰爭（1973年）中西奈半島上的戰事；當時被認為幾近無敵的以色列裝甲部隊，竟被迎擊的埃及軍使用反戰車飛彈打得落花流水。這場戰鬥的結果震撼世界，讓世人知道戰車雖是地表最強的兵器，卻並非無敵。

這場敗仗的主因雖然是源自複合裝甲普及前，戰車無法有效對抗反戰車飛彈的成形裝藥彈頭所導致，但即便是複合裝甲普及後的現代戰車，也時常被步兵的反戰車火力擊毀；在戰車戰裡幾無敵手的M1，也曾有被非正規部隊的單兵攜帶式反戰車兵器擊毀的前例。這是因為如同第1章所述，強韌的主裝甲通常只配置於戰車正面，側面及背面的裝甲則顯得薄弱許多。縱使這些位置都披上重裝甲，那也只會讓戰車重到無法順利前行，因此充其量只能在不太影響重量的範圍內進行強化或另尋其他防禦手段。最現實也最有效的解決辦法，就是不要讓戰車單獨行動，讓步兵隨行在戰車旁。這些步兵可以壓制敵方步兵，以免戰車遭受來自意外方向的攻擊。

那麼，該如何讓步兵隨行在戰車旁呢？裝甲部隊的強項就是其速度，不可能令步兵以徒步的方式隨行，而是要步兵來配合戰車的速度。這個問題最簡單的解決辦法，就是讓戰車載著步兵跟隨戰車行動，這樣的做法稱為「戰車運兵（Tank Desant、Танковый десант）」。然而這算是窮途之計，只能在狙擊風險很低的安全地帶使用，而且載運步兵也會讓戰車無法發揮原本的速度。

因為似乎有許多人會產生誤解，所以為了慎重起見跟大家說明，步兵不是直接就在戰車上與敵人交戰；過了安全地帶後，步兵還是要下車戰鬥。其實Tank Desant這個詞原本意思就不是「搭乘戰車」，而是「從戰車上下來」。在俄語中，從飛機上降落（空降）也叫作Desant，從登陸艇下來（登陸）也叫作Desant。

這樣看起來，步兵也搭乘專用的車輛才是正確的做法。當然，畢竟要投入與戰車相同的戰場上，因此不能是隨便一種車輛都行，必須得是能透過堅實的裝甲進行防禦的車輛才可以。而這就是所謂的裝甲運兵車。

如果要求與戰車完全相同的越野性能，那就只能採用履帶式的車輛，但如果想追求輕巧性，輪式車輛會是更好的選擇。在二戰期間，介於兩者之間的半履帶車輛（half track）也相當活躍（尤其是德軍與美軍）。蘇聯當時則同時採用履帶式車輛及輪式車輛。

■現代運兵車的先驅──BTR-60

蘇聯在二戰後初期的運兵車有輪式的「БТР-40［*BTR-40*］」與「БТР-152［*BTR-152*］」，還有履帶式的「БТР-50［*BTR-50*］」。順帶一提，「БТР」是「Броне（裝甲）ТРанспортёр（輸送車）」的縮寫。

其中BTR-152進化為正統運兵車的版本，就是「БТР-60［*BTR-60*］」，也是之後BTR-60／BTR-70／BTR-80系列的先祖，當時已經具備了這些後來的系列車大部分的特徵。相較於之前的BTR-40與BTR-152看起來像是一般卡車裝甲化的外型，BTR-60有著橫跨全長的細長箱形車體，並配有全輪驅動的8個巨大車輪，已經是目前全世界主流運兵車的型態了。可以說蘇聯領先世界，完成了現代運兵車的基本形。

本車前4輪（2軸）為轉向輪，最大的特徵是搭載2台引擎，其中一台驅動1／3軸，另一台驅動2／4軸。這種複雜的驅動方式是為了即使其中一台引擎壞了，仍可以用另一台繼續行駛，引擎採用的也是軍用車輛上相當少見的汽油引擎。由於引擎位在車身後方，因此沒有現代運兵車常見的後部艙門。

雖然薄弱的車身裝甲只能抵擋7.62㎜步槍子彈，但車身也因此相當輕盈，具有浮渡能力；蘇聯國內擁有許多大型河川及濕地，為方便在沒有橋樑的地方渡河，相當重視車輛的浮渡性能。浮渡時透過噴水推進器前進。BTR-60系列的最早型號「БТР-60П［*BTR-60P*］」，型號尾端的「П」指的就是「浮渡性（Плавающий）」。

БТР-60П
BTR-60P
一開始是無車頂的開放式車體！
具備細長箱形車體及8個全輪驅動車輪，領先各國完成了直到現代仍然沿用的「運兵車」設計。

從上方出入容易被狙擊……
БТР-60ПБ
BTR-60PB
引擎在這裡，所以無法設置後部艙門。
好難出去……
考量到浮渡時的平衡將引擎配置在車身後方，但這樣無法設置西方運兵車常見的後部艙門。

這款BTR-60P沒有車頂，使得乘員對來自高處的狙擊毫無防備；而早在BTR-60P服役前的1956年匈牙利革命中，蘇軍就將來自高樓上層的攻擊視為一大問題。

此外隨著時代演進，蘇聯也開始設想核武器使用下的戰鬥環境，需要配備能夠密閉的載員艙（請參照第2章T-55的解說），因此改良型的BTR-60PA追加了車頂。在BTR-60PA之前原本沒有車輛本身的武裝，不過接下來的BTR-60PB則在載員艙前半部分加上砲塔，並搭載14.5㎜的重機槍；追加砲塔後載員艙變得狹窄，可以搭乘的人員數從14人減少為8人。

BTR-60在蘇聯國內生產了25000輛，另在羅馬尼亞也生產了1900輛。以此種車型為基礎，還衍生了指揮車、聯絡車及技術支援車等變型車。

■到了新型號仍未解決艙門問題 —— BTR-70／BTR-80

BTR-60PB在載員艙上蓋了個「蓋子」，這就造成人員不僅只能從車頂的艙門進出，而且因為車頂頗高，所以出了艙門後很難下降到地面，人員出入時也很容易受到敵方的狙擊。因此衍生型號的「БТР-70［*BTR-70*］」，就在第2與第3車軸之間的車體側面設置了艙門。然而艙門位置是變低了，門本身卻做得非常狹窄，出入可說相當費力。

將BTR-70的汽油引擎換裝成柴油引擎後的版本即是「БТР-80［*BTR-80*］」，但是引擎依舊配置在車後，無法設置後部艙門，因此仍然需要從狹窄的側門出入；幸運的是，艙門的確變大了些（即使如此想要上下車還是很窄）。BTR-80的衍生型號中還有「БТР-80A［*BTR-80A*］」，搭載後述BMP-2所裝備的30㎜機砲低後座力版。

來到俄羅斯聯邦時期，接著登場的是「БТР-90［*BTR-90*］」；BTR-90加大BTR-80的引擎馬力，強化變速箱及懸吊系統等走行相關部分，將車底設計為V字形以提高抗受地雷的能力，並搭載與BMP-2相同的30㎜機砲。雖然BTR-90得到制式採用，但由於價格高昂遲遲未能大量採購，結果代替BTR-80的是由BTR-80A經現代化改造而來的「БТР-82A［*BTR-82A*］」。

■次世代的輪式裝甲車平台 ——「迴旋鏢」

因為BTR-60的車頂艙門在下車時有容易受到狙擊的危險性，所以BTR-70在車體側面（第2與第3車軸間）另外設置了艙門。可是這片艙門很窄，對裝備完全的步兵來說出入運兵車是件很費力的事。另外，BTR-60PB的載員艙座位配置為全員排成橫列並朝向車前，不過BTR-70則改為背對背坐在中間的座位上。

BTR-80從汽油引擎改成柴油引擎，提高了安全性。側面的艙門也擴大成上下2片門板。

即使進入俄羅斯聯邦時期，戰鬥車輛往往也只是採用既有車輛的局部更新版本，不過進入21世紀後俄羅斯也開始著手研製嶄新設計的車輛，其成果在2015年的偉大衛國戰爭勝利日閱兵中悉數亮相。

包含第2章介紹的T-14在內，這些新車輛最大的特徵在於複數種車輛會採用共通的載具平台（車體或走行裝置），俄語稱之為「通用戰鬥平台（Унифицированная боевая платформ）」。這個平台分成「重型履帶」、「輕型履帶」及「輪式」3種，本節解說的是輪式平台「迴旋鏢（Бумеранг）」（關於通用戰鬥平台在第86頁有解說的插圖）。

以迴旋鏢為基礎研製的有接手BTR系運兵車地位的「K-16［*K-16*］」裝甲運兵車，以及「K-17［*K-17*］」輪式裝步戰車（K-17會在下一節裝步戰車的解說中提及）。雖然這些車輛與BTR系同樣都是8輪全輪驅動，但引擎配置在前方，車尾則設有1片大型的出入艙門。裝甲採用陶瓷複合裝甲，防禦力比起BTR系大幅強化。

砲塔為無人砲塔，砲手與其他乘員同樣坐在載員艙中觀看螢幕，並用搖桿進行遠距操作。另外隨著採用無人砲塔，使載員艙內不再有多餘的突出部分，確保了寬廣的空間。車內有個人座位及多片液晶螢幕組成的操作介面，看起來相當現代化。

迴旋鏢與BTR系列相同，除了衍生出指揮車、輻射化學生物偵察車、裝甲回收車、裝甲醫療車等各種支援車輛，還預定製造搭載自走砲或防空飛彈系統的車種。

■履帶式裝甲運兵車 —— MT-LB

這邊也提一下履帶式的運兵車。前述的履帶式運兵車BTR-50在二戰後不久即開始製造，而其後繼者就是接下來要介紹的「МТ-ЛБ［*MT-LB*］」。「МТ-ЛБ」的意思是「多用途（Многоцелевой）運輸牽引車輛（Транспортёр-тягач）輕（Лёгкий）裝甲（Бронированный）」，與其說是單純的運兵車，不如說更像是兼有野戰砲牽引功能的多用途履帶車。在第4章我將會解說到蘇聯傾注心力在砲兵火力上；由於自走砲數量不夠，因此會大量運用牽引砲，這時野戰砲牽引車就顯得非常重要。

此為BTR-80的改良型，搭載30㎜機砲砲塔的BTR-82A。（照片：木村和尊）

輪式裝甲車平台「迴旋鏢」。照片是裝步戰車型的K-17。裝甲運兵車型的K-16有著比這個還小一點的砲塔。
（照片：菊池雅之）

MT-LB有著平扁的車身以及沒有上部支撐輪的細長履帶，構造相當簡單。這種簡單構造似乎深受器重，光是作為MT-LB就生產了55000輛以上，而且MT-LB還是自走榴彈砲2S1、自走迫擊砲2K21／2K32、防空飛彈系統9K35、反戰車飛彈系統9K114、工程車輛AZM／UDZM、技術支援車輛MTP-LB、砲兵觀測車輛1RL232、輻射偵察車輛K-611／K-612、輻射搜尋車輛RPM、化學偵察車輛RKhM等等眾多車種的基礎。有許多MT-LB至今還是現役，仍在俄烏戰爭中頻繁使用。

■改造自戰車的重型裝甲車——BTR-T

如同前面所述，這些運兵車的裝甲相當單薄，就連機砲的攻擊都難以承受。如果為了抵抗機砲而增厚裝甲，那麼重量就會變重，這下子又必須強化走行裝置。與其這樣一步步改造，不如一開始就將重裝甲的車輛改造成運兵車就好。而說到重裝甲車，那當然就是指戰車了[※2]。

MT-LB（照片：MAGATAMA）

※2：在第1章中我雖然做了「戰車正面雖是重裝甲，不過側面與背後的裝甲相較之下薄弱許多」這樣的說明，但這裡說的「薄弱」側面裝甲，跟其他裝甲車輛比起來還是厚實許多。不管從什麼角度看，世界上裝甲最重的車輛就是戰車。

蘇聯生產的戰車多如天上繁星，而且在與西方陣營激烈的軍備競賽下，許多既有戰車很快就成了過時車種，必須源源不斷投入新型戰車，這麼一來就保留了大量的舊型戰車。站在有效利用的層面上，將戰車轉為運兵車也有許多優點。最初實現這個點子的其實是以色列；以色列從擄獲的敵方戰車（蘇聯製）開始改造，最後甚至開始運用由自產的國造主力戰車改造後的運兵車。

在80～90年代的反游擊戰中，俄軍裝甲薄弱的運兵車受到許多損害，因此俄軍效仿以色列將舊型戰車T-55改造成裝甲運兵車，這就是後來的「БТР-Т［*BTR-T*］」。「Т」是「重（тяжёлый）」的意思，因此全名的意思即是「重裝甲運兵車」。

但因為只是將T-55的砲塔拆掉並增設載員區域，所以載員艙相當狹窄，最多只能載運5人，而且引擎仍是配置在車體後方，無法設置後部艙門，乘員必須從車頂艙門下車，這在戰鬥地區準備下車戰鬥時造成了很大的問題。以色列則是連引擎位置都做了改造以便設置後部艙門，兩相對照之下可以看出不同的運用思維。

BTR-T最終未能獲得採納，但之後蘇聯仍研發出了繼承這個創意的車輛。關於此點我將在下一節解說。

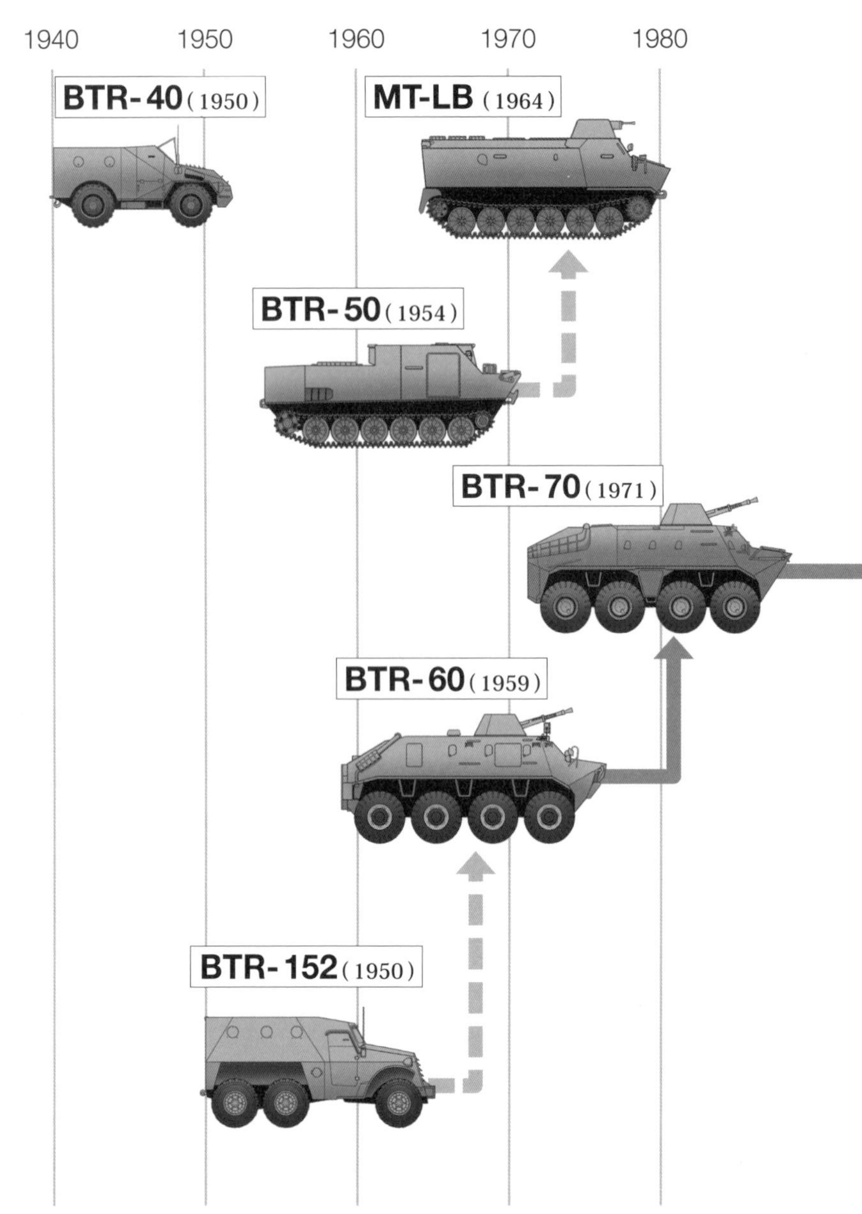

裝甲運兵車的系譜

■括號內為制式採用的年份。

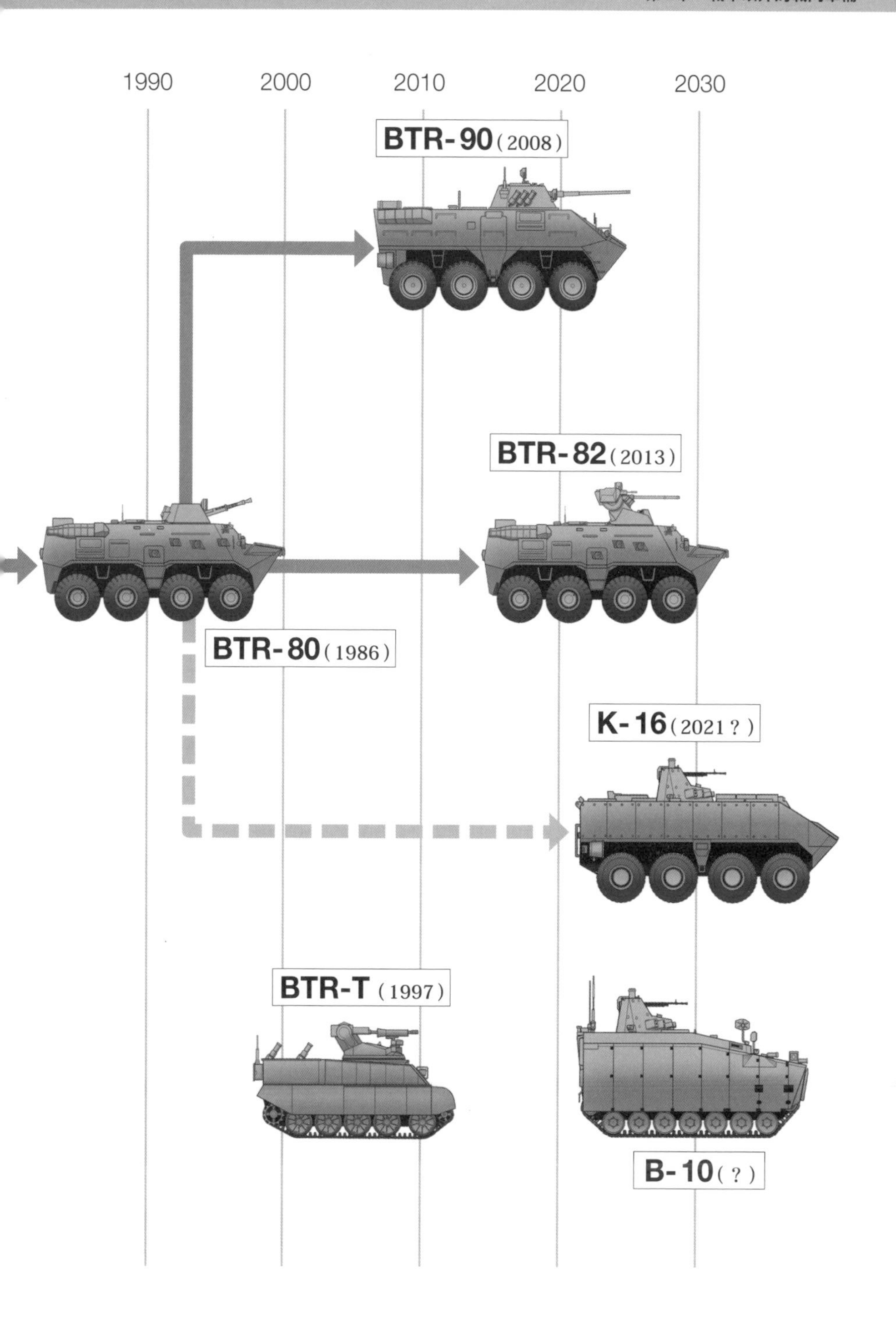
1990
2000
2010
2020
2030
BTR-90 (2008)
BTR-82 (2013)
BTR-80 (1986)
K-16 (2021？)
BTR-T (1997)
B-10 (？)

3-3 裝步戰車

■配備火力強大的固定武裝與步兵用乘車戰鬥裝備 —— BMP

裝甲運兵車最大的問題在於只有把步兵送到戰場的用途，到了戰場後步兵下車的瞬間就變回一個「暴露肉身的活人」；在裝甲車輛躍上歷史舞台的那一刻起我們已經知道暴露肉身的步兵對攻擊相當脆弱，但在冷戰時期還需要設想到使用核武器的戰爭環境。既然如此，「是否能讓步兵在搭乘車輛的同時還能戰鬥」的想法便如雨後春筍般冒出，在這樣的思維下研發出來的便是裝步戰車（步兵戰鬥車）。世界第一輛裝步戰車是蘇聯的「БМП［*BMP*］」[※3]，「БМП」是「Боевая（戰鬥）Машина（機械）Пехоты（步兵）」的縮寫。在全新思維下登場的裝步戰車隨後受到各國重視並大規模研製，作為戰鬥車輛獲得牢固的地位。

◇火力強大的武裝

為了使乘員能夠乘車戰鬥，BMP有以下幾個與裝甲運兵車不同的特色。第1點是這款裝步戰車搭載了73mm低膛壓滑膛砲以及反戰車飛彈等強大的固定武裝。這門砲從單兵攜帶用的無後座力砲改修而來，使用的不是一般砲彈而是火箭彈（發射後靠彈體內的火箭推進）。BMP為了這門砲設置了單人砲塔，砲手坐在裡面進行操作。由於人員只有砲手，因此原本搭載了自動裝彈機，然而後來隨著砲彈種類增加，無法選擇複數彈種的自動裝彈機被卸下，改由砲手自行裝填。另外，73mm砲旁邊還搭載1挺7.62mm的同軸機槍。

其上的反戰車飛彈為3-2節開頭所述「第四次以阿戰爭中將以色列戰車打到落花流水」的9K11（飛彈本體為9M14[※4]），發射時須將飛彈設置在73mm砲上方的發射軌上。雖然可以在車內操作發射，但重新裝填時砲手要半個身體探出車外進行設置。9K11為有線指令導引式 —— 換句話說操作者要用瞄具對準目標及飛彈兩者，再用搖桿操作用訊號線連接的飛彈使其命中目標，精準度幾乎全由「操作者的技術」而定。9K11的暱稱是「嬰

※3：雖然習慣上都稱為「BMP-1」，但這是為了與後續的「BMP-2」、「BMP-3」做出區分才這麼稱呼，原本的正式名稱即是「BMP」。
※4：「9K11」是包含飛彈與發射系統整體的名稱。「9M14」指的是飛彈本體。

БМП

BMP

世界最早的裝步戰車BMP配備強大的73㎜低膛壓滑膛砲以及步兵用的槍孔，載運步兵時可以發揮高度的戰鬥能力。步兵背對背坐在2排座椅上，下車戰鬥時可以由後部艙門下車。

兒（Малютка）」。

在BMP的最終生產型號上替代9K11的是9K111-1（飛彈本體為9M113），這套系統只須用瞄具瞄準目標，飛彈的操控由電腦完成（半自動指令瞄準線導引式）。雖說不需要再用搖桿控制飛彈，但因為瞄具在車外，發射時砲手不得不從艙門探出身子來瞄準。9K111-1的暱稱是「競技（Конкурс）」。9M14、9M113分別有著換算均質鋼板（RHA）400㎜及500㎜的貫穿力，如果是實裝陶瓷裝甲前的的戰車可以直接從正面擊毀。

◇步兵的乘車戰鬥

第2個不同的點在於車體備有讓步兵從車內射擊的槍孔以及潛望鏡（車外視察裝置）；步兵背對背坐在2排座椅上，各自面向車體左右兩側，如此一來步兵無須下車便具有戰鬥能力。當然，步兵還是可以下車戰鬥，為此艙門設置在車尾，光下車戰鬥這點來說就勝過BTR系列的車輛。艙門配合2排座椅分成左右2片，而在左右座椅上方還各自有2片車頂艙蓋。如果要下車戰鬥，兼任射擊分隊長的車長下車指揮，車輛則由砲手擔任指揮。由於設置了後部艙門，引擎配置在車體前方右側，旁邊就是駕駛員席。駕駛員後方是車長席，再後面是砲塔，接著是步兵的載員艙。以此配置為基礎再將車長席移至砲塔內的設計，進而成為往後全世界所有裝步戰車的標準人員配置。

BMP的正面裝甲可以在500m距離承受23㎜彈，在100m距離承受20㎜彈，然而側面及背面裝甲只能耐受7.62㎜彈而已。此外，雖然跟BTR系列同樣都有浮渡能力，但因為沒有搭載噴水推進器，所以只能靠履帶得到在水中的推進力。

■主武器是高仰角的機砲——BMP-2

雖然BMP是劃時代的戰鬥車輛，但畢竟是首次開發的車輛，實際使用後便發現許多需要改善的毛病，其中一個便是73㎜低膛壓滑膛砲。乍看之下強力的這門砲其實命中精確度頗低且有效射程短，無法升高仰角這件事更成了意外的大問題，因此在改良型「БМП-2［*BMP-2*］」上就將這門砲換成了30㎜機砲。這次的武器換裝非常成功，使BMP-2成為一輛極為均衡的裝步戰車。隨後登場的西方裝步戰車也將同等級的機砲當成主武器，由此可以看出這輛車的成功程度。

吸取BMP得到的教訓，裝備了30㎜機砲的BMP-2。（照片：多田將）

■全新設計的重裝車輛─BMP-3

裝步戰車「БМП-3［*BMP-3*］」採用與BMP／BMP-2截然不同的全新設計。BMP-3集BMP與BMP-2的優點於一身，裝備100㎜滑膛砲與30㎜同軸機砲、7.62㎜同軸機槍3項武器，全部配置在2人用（車長、砲手）的砲塔上。反戰車飛彈能從100㎜滑膛砲發射。

這是裝步戰車少見的重武裝，因此車身也隨之大型化。考量到蘇聯車輛特有的浮渡性及重量平衡，引擎選擇配置在後方。由於載員艙在引擎前面，而艙門又設置在車尾，因此步兵下車時會從引擎上走過。為了實現這個設計，搭載的V型引擎傾斜角（汽缸間的角度）非常大（144度）以藉此降低車高，然而步兵還是得走過這段引擎很高的「走廊」，因此這部分的車頂採用往左右側面打開的設計，步兵在「受到來自側面的保護」的狀態下從後部艙門下車。這個開頂式的車頂上還另外設有更小的艙門。

■以通用戰鬥平台為基底的新世代車輛

進入21世紀後，俄羅斯使用前一節所述「通用戰鬥平台」中的「輕型履帶」平台來研製BMP系列的後繼車種。輕型履帶平台被稱為「庫爾干人-25（Курганец-25，庫爾干工廠製25噸車輛的意思）」，並由此開發了裝步戰車「Б-11［*B-11*］」及裝甲運兵車「Б-10［*B-10*］」。

兩者差異主要在於砲塔搭載的武器，B-10為12.7㎜機槍，B-11則是30㎜機砲與4發反戰車飛彈。砲塔本身皆為無人設計（從車內遠距操控），而B-11的砲塔稱為「迴旋鏢BM（Бумеранг-БМ）」。相信大家看到這裡應該都想到了，這與前一節「迴旋鏢」裝步戰車型的K-17是同樣的砲塔。

前一節我們提到了利用戰車車體改造成的重型裝甲運兵車BTR-T，以同樣的思維採納戰車車體與走行裝置的重型裝步戰車也隨著通用戰鬥平台而問世，那就是與T-14戰車使用同樣重型履帶平台「阿瑪塔」的「T-15［*T-15*］」。

雖說與T-14是相同車身，但內部結構截然不同；相較於T-14是戰車標準的引擎、驅動輪後部配置，T-15則是裝步戰車標準的引擎、驅動輪前部配

БМП-3

BMP-3

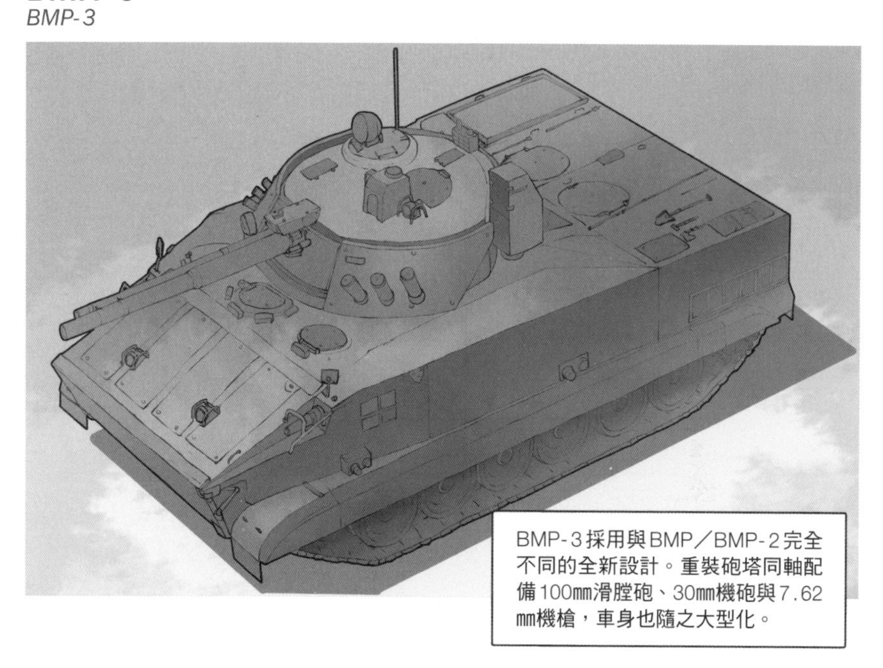

BMP-3採用與BMP／BMP-2完全不同的全新設計。重裝砲塔同軸配備100㎜滑膛砲、30㎜機砲與7.62㎜機槍，車身也隨之大型化。

為了確保浮渡性能，引擎放在車體後方，步兵要下車時必須先走過高了一階的引擎上方。

置。引擎後方如T-14般有車長、砲手、駕駛員並排坐在一起的乘員室，乘員室後面上方則配置砲塔（T-15同樣裝備迴旋鏢BM砲塔），也因此T-15呈現砲塔靠近車尾、頗具特色的外型。砲塔下方是載員艙[※5]，並在車體後方設置1片大型艙門。

如上所述，T-15兼有裝步戰車的方便好用與BTR-T一般的重裝甲這2個優點，可說是理想的裝步戰車，也毫無疑問是世界最強的裝步戰車，但或許是因為造價昂貴，T-15跟T-14一樣採購進度緩慢。到了俄烏戰爭爆發後的現在，應該會更傾向於優先增產既有的車種，而非這類高價的新型車輛。

另外，「阿瑪塔」系列還包含戰車回收車輛「T-16［*T-16*］」。回收車輛在任何國家都必定與戰車共同開發。

※5：有人砲塔為了保留操作人員的空間，會在砲塔下方設計稱為砲塔籃的構造，而砲塔籃會突出到車內。無人砲塔如字面所述不需要人員在砲塔下操作，因此沒有這個突出部分，不會壓縮載員艙空間。

重型履帶平台「阿瑪塔」的裝步戰車型T-15。照片是2017年公開的57㎜機砲搭載型。(照片：綾部剛之)

輕型履帶平台「庫爾干人-25」的裝步戰車型B-11。與第75頁的K-17是一樣的砲塔。(照片：CRS@VDV)

■代替步兵支援戰車——BMPT

即使搭乘世界最強的裝步戰車，可一旦下車就成了脆弱的步兵，這是無法改變的事實。既然如此，不妨轉換想法研發全新的車種；「既然下車會變得脆弱，那乾脆不要下車就好」——在這樣的思維下誕生的就是「БМПТ［*BMPT*］」。

這輛車的設計理念是「士兵無須下車，在車上就能完全發揮支援戰車的效果」，因此本車與其說是裝步戰車，更應該稱呼為戰車支援車。實際上「БМПТ」就是「戰車支援戰鬥車輛（Боевая Машина Поддержки Танков）」的縮寫。

BMPT將T-72戰車的砲塔更換為搭載2門30㎜機砲與4發反戰車飛彈的無人砲塔，並在車體前方中間駕駛員座位的兩側增設榴彈發射器操作員的座位，可以讓共5名乘員［※6］在完全不用下車的狀態下進行戰鬥。

曾在蘇阿戰爭（1979～1989年）及2次車臣戰爭（1994～1996年、1999～2009年）的反游擊戰中遭受大量損害的俄羅斯，吸取了這幾次戰爭的教訓開發出各式各樣的戰術與新武器，其中一項就是BMPT；在阿富汗與車臣的戰場上，由於防空自走砲在攻擊高處的敵軍這點上取得相當的成果，因此BMPT的機砲能以高仰角進行射擊，且為了提高發射速度還配置了2門。順帶一提，BMPT的綽號是「終結者（Терминатор）」。

雖然哈薩克採用了BMPT，但俄羅斯卻是採用設計更加洗鍊的改良型「終結者2」(2018年)。俄羅斯一開始只先在戰車部隊裡投入少數（9輛）終結者2進行運用測試。當初俄軍的構想是，在野戰中以2輛戰車1輛終結者2、在城市戰中以1輛戰車2輛終結者2的組合進行運用，而目前終結者2已投入到俄烏戰爭中。究竟經過實戰後會得到什麼樣的評價，非常值得我們關注。

※6：位於砲塔下方的車長與砲手、駕駛員、2名操作車體左右側武器的士兵總共5名乘員。

БМПТ
BMPT

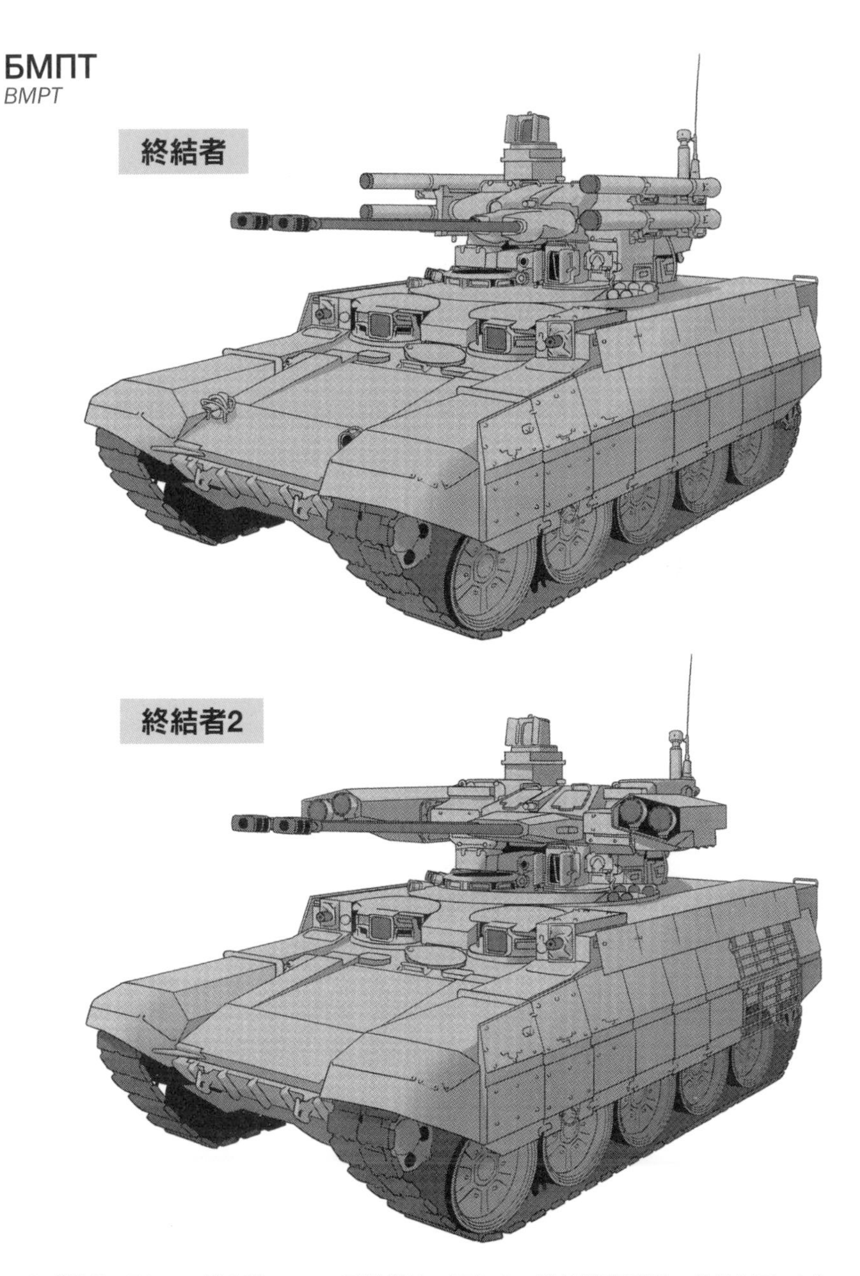

砲塔搭載2門30㎜機砲與7.62㎜同軸機槍，再加上4發反戰車飛彈。此外以T-72為底盤的車體上還備有左右各1門（合計2門）30㎜榴彈發射器。「終結者2」的砲塔改為更加洗鍊的設計。

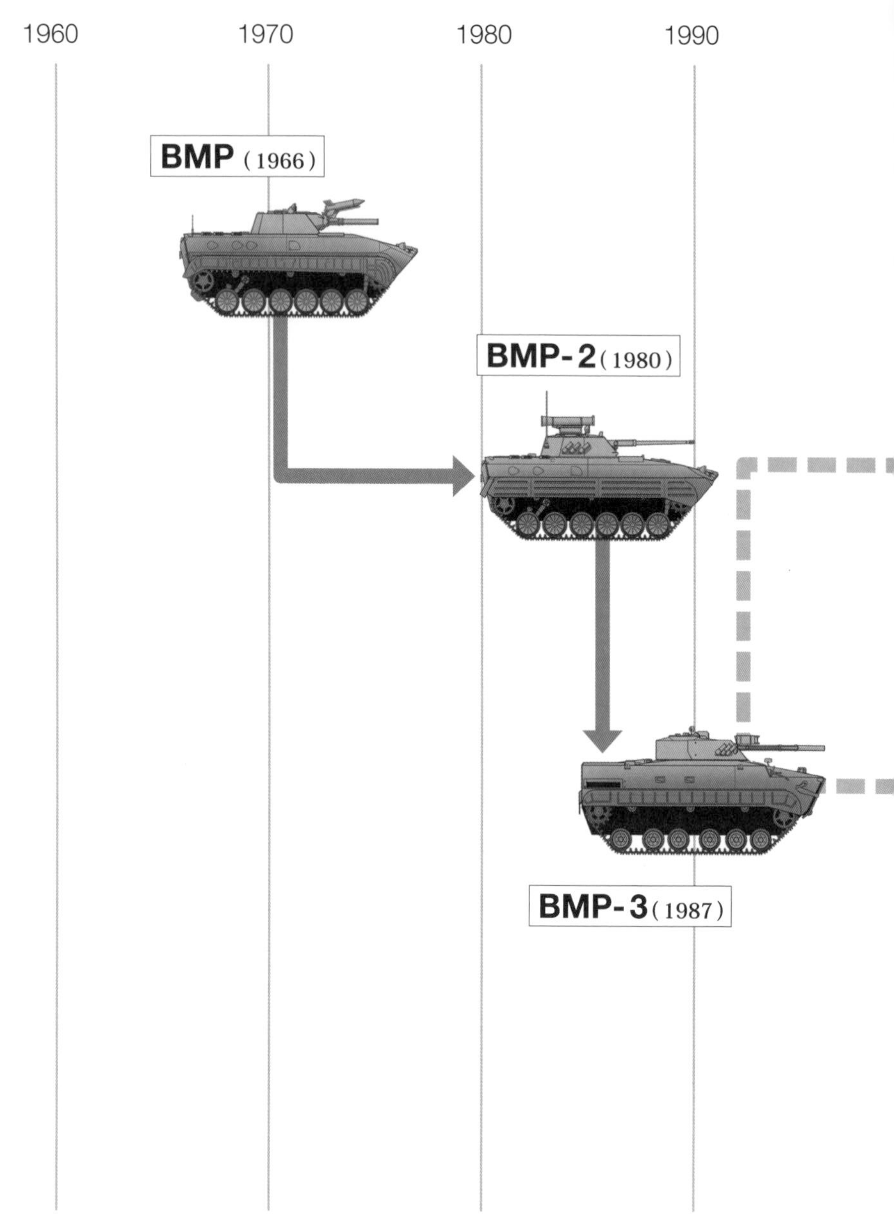

裝步戰車的系譜

■括號內為制式採用的年份。

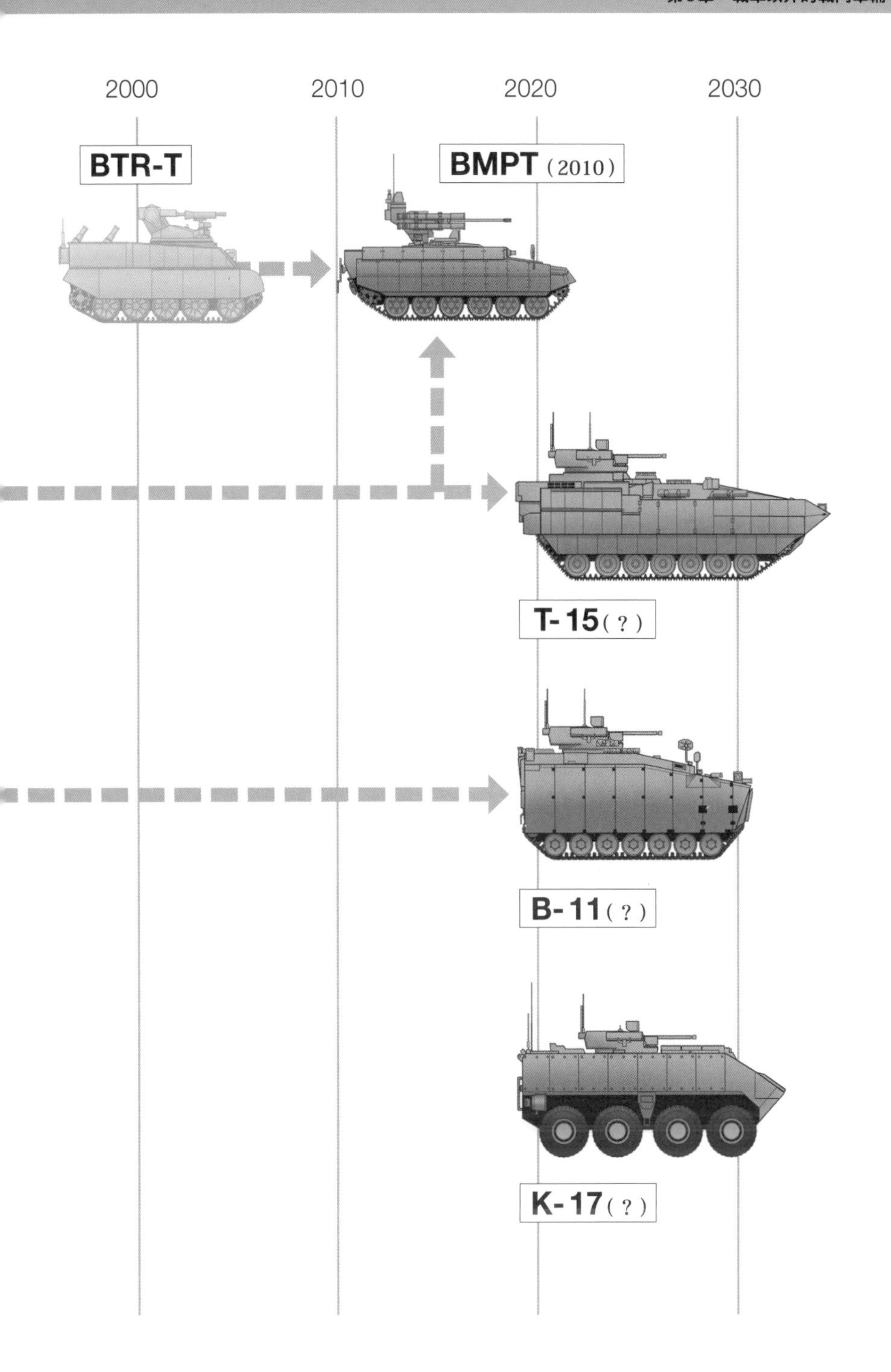
2000
2010
2020
2030
BTR-T
BMPT (2010)
T-15(?)
B-11(?)
K-17(?)

3-4 空降戰車

■從空中降落的戰鬥車輛

在縱深作戰理論中，與通過裝甲戰力進行突破同樣是關鍵的，還有在敵後方藉由空降部隊進行截斷攻擊。世界上大多數軍隊的空降部隊雖然機動性高，但通常由輕裝步兵部隊組成，沒有戰車、裝甲車輛等重型武器，但蘇聯軍隊考量到空降部隊可能會與敵方重裝部隊進行交戰，因此空降部隊裡裝備了其他國家看不到的各種重型武器，可說是蘇聯空降部隊最顯著的特色。具體來說，就是配備多種裝甲戰鬥車輛，而且這些車輛還有能夠從飛行載具上透過降落傘降落的特殊機能。

在這些車輛中，先從空降戰車開始說起吧。空降戰車可以說是前一節裝步戰車的空降版，也因此BMP的各版本都研製了相對應的空降戰車版。這些空降戰車被稱為「БМД［*BMD*］」，是「Боевая（戰鬥）Машина（機械）

Десанта（降落）」的縮寫。

跟BMP比較之下，雖然砲與砲塔相同，不過以載員艙為中心縮小了尺寸。對應BMP的是BMD[※7]，對應BMP-2的是「БМД-2［*BMD-2*］」；從BMP-3上卸下100㎜砲的是「БМД-3［*BMD-3*］」，對應BMP-3的是「БМД-4［*BMD-4*］」。引擎配置與各自相對應的BMP相同。另外還存在將BMD改造成空降用裝甲運兵車的「БТР-Д［*BTR-D*］」。

BMD-4雖然是在伏爾加格勒拖拉機工廠研製，不過制式採用後工廠旋即倒閉，因此未能進行正式生產，之後才交由庫爾干機械製造廠接收相關業務，此時進一步改良為「БМД-4М［*BMD-4M*］」並進入量產。BMD-4M的引擎與BMP-3相同。

這些空降戰車降落時，基本上採用車輛與人員分別使用降落傘降落，到達地面後再會合的形式，不過目前也在測試是否能在乘車狀態下直接進行降落。

※7：雖然一般稱為「BMD-1」，但跟前面BMP系列相同，這是為了與後繼車種做區分才這麼稱呼，原本的名字即是「BMD」。

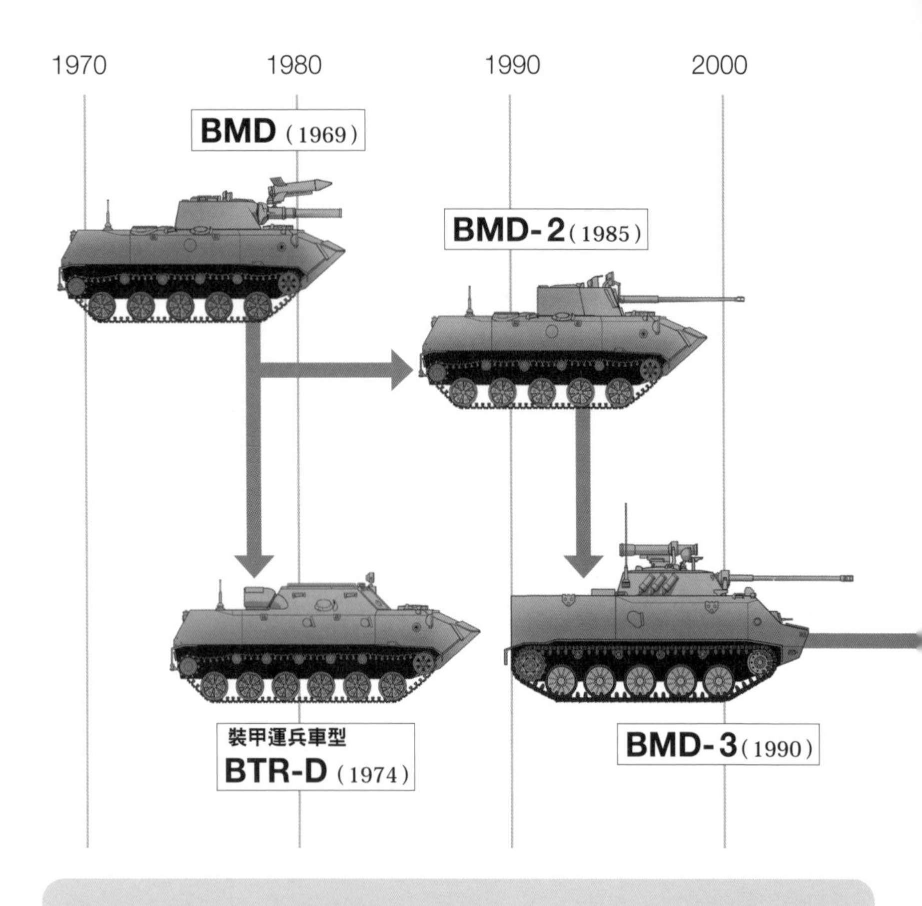

■裝步戰車及空降戰車的對應

空降戰車「BMD」系列是裝步戰車「BMP」系列的空降版，各型號間有對應關係。

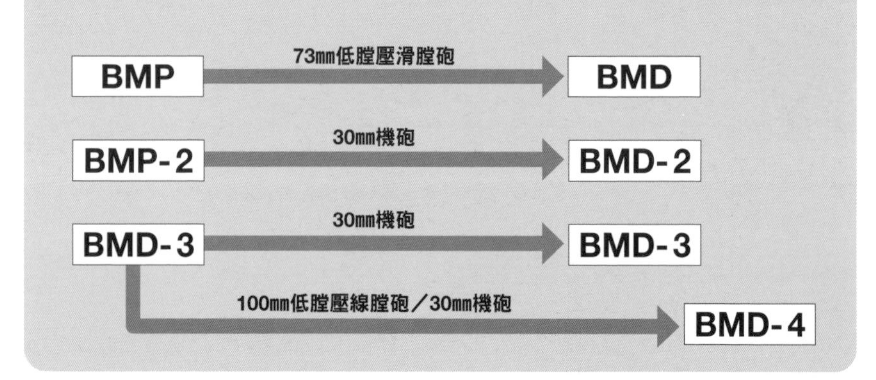

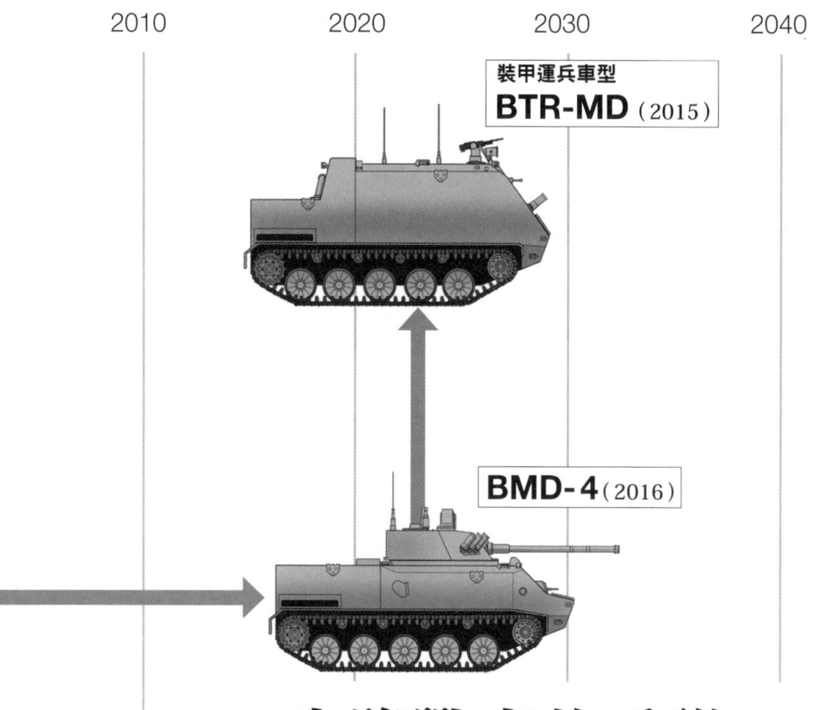

空降戰車的系譜

■括號內為制式採用的年份。

以BMD系列為基礎的空降裝甲運兵車也被研製出來。從BMD中誕生的是BTR-D，從BMD-4中誕生的是BTR-MD／BTR-MDM。照片中是BTR-MDM，為具有高車頂的大型車輛，車內空間遠比BTR-D來得寬敞。（照片：CRS@VDV）

3-5 驅逐戰車

■因其強大的火砲有時也被稱為「空降主力戰車」

當空降部隊與敵方戰車部隊交戰時，理想上自己的部隊也裝備主力戰車是最好的，但主力戰車非常重，難以透過降落傘降落，那麼次優的方法就是裝備反戰車砲。然而反戰車砲如果是牽引式的會拖累部隊的機動性，因此自走式的為佳，這種自走式的反戰車砲即是所謂的驅逐戰車。由於驅逐戰車擁有強大火力，乍看之下很像主力戰車，所以也有少部分人稱其為「空降主力戰車」，但實際上為了能使用降落傘必須將裝甲做得很薄，不可能像第1章所說的那樣與戰車交火，因此無法作為主力戰車來使用。在蘇聯，這類驅逐戰車並非歸類在「戰車」，而在歸類在「自走砲」中。

2S25搭載的是T-90等戰車上125mm滑膛砲（2A46）的低後座力版（2A75），具備強大的穿甲能力，但車體本身的防禦力頂多只能抵擋12.7mm機槍子彈（正面與左右40度的範圍），因此不算是戰車，而是反戰車自走砲。

■初期的空降用驅逐戰車

最早的空降用驅逐戰車是「АСУ-57［*ASU-57*］」，這是「Авиадесантная（空降）Самоходно-артиллерийская（自走砲）Установка（裝備）」的縮寫，「57」則指的是搭載的57㎜砲。正面裝甲的厚度僅有6㎜，戰鬥室還是開放式車頂。

雖然ASU-57輕巧到令人驚訝，乍看之下很好用，但57㎜砲的火力還是太過無力，因此繼續研製出了搭載更強大85㎜砲的「АСУ-85［*ASU-85*］」。ASU-85如BTR系列那樣考量到在核戰爭下的運用方式，改為了密閉式的戰鬥室。

■新世代的空降用驅逐戰車

後來蘇聯中止了這類車輛的研發，理由是反戰車武器的主流已漸漸轉移到反戰車飛彈（同時期的西方陣營也同樣重視反戰車飛彈）。然而隨著複合裝甲的出現，反戰車飛彈使用的成形裝藥彈變得難以擊穿戰車的主裝甲，穿甲彈（APFSDS彈）這類動能武器一躍成為最有效的反戰車武器。

美國雖曾經嘗試研發超高速的反戰車飛彈（「LOSAT」飛彈），透過提高侵徹體的動能來加強殺傷力，但過於昂貴最後只好終止研發。另一方面，俄羅斯則選擇更保守的手段研製動能式的反戰車武器，最後的成果即是「2С25［*2S25*］」。這所謂保守的手段，就是在既有的BMD-3車體上裝載125㎜滑膛砲的砲塔。

2S25所搭載的125㎜滑膛砲2A75，是T-64／T-72／T-80／T-90所搭載2A46的低後座力版本，可以使用跟這些戰車一樣的彈藥，因此貫穿力與這些戰車是同級的，作為一輛驅逐戰車有著世界最強的攻擊力。但因為車體畢竟只是BMD-3，而且專為本車設計的砲塔其正面、左右側40度的範圍內只能抵擋12.7㎜機槍的子彈，所以外觀看起來再怎麼像戰車，終究也只是「可以自走的反戰車砲車輛」而已。

2S25從2005年到2010年以先行生產的形式製造，不過之後為了改良暫且終止生產，並預計將生產重心轉移至改良型的2S25M。

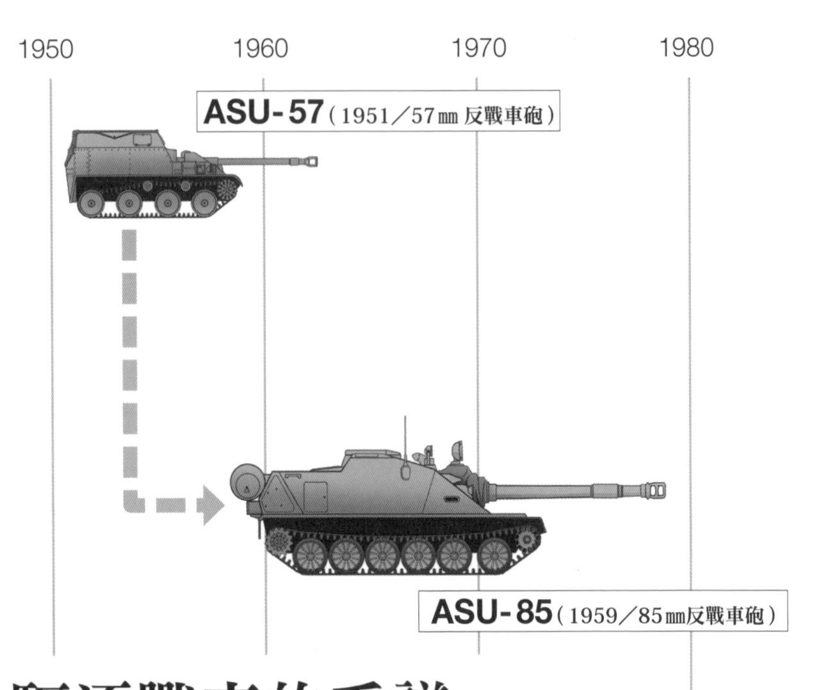

驅逐戰車的系譜

■括號內為制式採用的年份，以及搭載的戰車砲口徑。

ASU-85（右邊）與ASU-57（左邊）。可以看出兩者的大小差異。（照片：MAGATAMA）

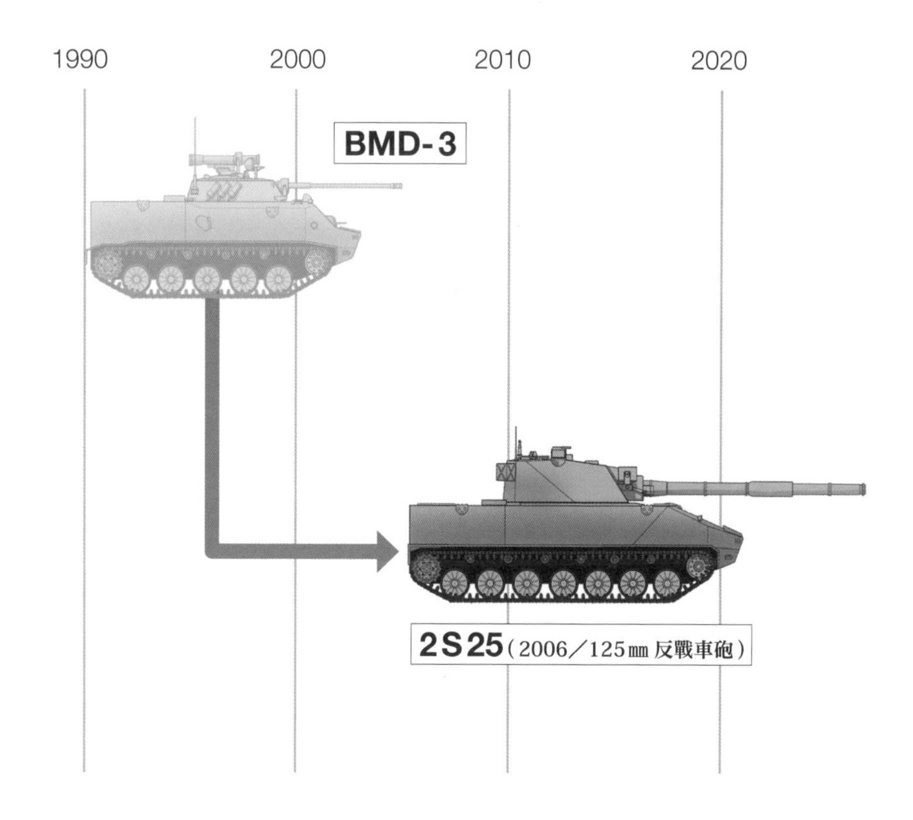

以125㎜滑膛砲進行射擊的2S25（照片：鈴崎利治）

各國戰鬥車輛的分類

雖然世界上有各式各樣的戰鬥車輛，不過理所當然地每個國家的分類不盡相同。下表是現代俄羅斯聯邦、德意志聯邦與美利堅合眾國對各種戰鬥車輛的稱呼統整表。各國語言下方的中文為直譯。

◇各國對戰鬥車輛的稱呼

車輛	俄羅斯
戰車	Основной Боевой Танк 主力戰鬥戰車
裝步戰車	Боевая Машина Пехоты 戰鬥車輛，步兵用
裝甲運兵車	Бронетранспортёр 裝甲輸送車
裝甲偵察車	Боевая Разведывательная Машина 戰鬥偵察車
驅逐戰車	Противотанковая Самоходная Артиллерийская Установка 反戰車自走砲裝備
裝甲指揮車	Командно-Штабная Машина 指揮要員車
自走榴彈砲	Самоходная Артиллерийская Установка 自走砲裝備
自走防空砲	Зенитная самоходная установка 防空自走裝備
裝甲回收車	Бронированная Ремонтно-Эвакуационная Машина 裝甲搶修撤離車
裝甲架橋車	Танковый Мостоукладчик 戰車架橋車
戰鬥工兵車	Инженерная Машина Разграждения 工兵機械，障礙排除
裝甲救護車	Бронированная Медицинская Машина 裝甲醫療車

※德語中所有單字都省略了表示車輛的「wagen」(因為現代德語通常也會省略)。

德國	美國
Kampfpanzer	Main Battle Tank
戰鬥裝甲車	主力戰鬥戰車
Schützenpanzer	Infantry Fighting Vehicle
掩護裝甲車	步兵戰鬥車
Transportpanzer	Armored Personnel Carrier
輸送裝甲車	裝甲運兵車
Spähpanzer	Cavalry Fighting Vehicle
斥候裝甲車	騎兵戰鬥車
Jagdpanzer	Tank Destroyer
驅逐裝甲車	戰車驅逐車
Führungspanzer	Command Post System Carrier
指揮裝甲車	指揮所系統車輛
Panzerhaubitze	Self-Propelled Howitzer
裝甲榴彈砲	自走榴彈砲
Flugabwehrpanzer	Self-Propelled Anti-Aircraft Gun
防空裝甲車	自走式反航空機砲
Bergepanzer	Armored Recovery Vehicle
回收裝甲車	裝甲回收車
Panzerschnellbrücke	Heavy Assault Bridge
裝甲臨時橋	重型突擊橋
Pionierpanzer	Combat Engineer Vehicle
工兵裝甲車	戰鬥工兵車
Sanitätspanzer	Medical Vehicle
衛生裝甲車	醫療車

狙擊兵？
蘇軍步兵的稱呼方式

■正確的翻譯是「步槍兵」

在日語中想要表示蘇聯的步兵部隊時，會像「摩托化狙擊兵師（或團、營等等）」這樣使用「狙擊兵」這個詞，但這其實是誤譯。俄語原文的表記為「мото-стрелковая～」，這是由「мотор」（引擎、汽車）及「стрелковое」（步槍）組合而成的單字，適當的譯法應是「摩托化步槍～」；實際上，英語就是翻譯成「motor rifle～」。簡而言之，這說的就是手持步槍的普通步兵。在美軍中，步兵部隊也會表達為「步槍班、步槍排……」等等。

為何蘇聯軍的步兵在日語中會被翻譯成「狙擊兵」呢？雖然我不可能知道當初譯者腦中的想法，但會不會是誤解成「步槍就是要狙擊」了呢？然而在近現代的軍隊裡，步槍兵跟狙擊兵是完全不同的兵種。順帶一提，俄語中的「狙擊兵」寫為「снайпер」。

既然最初翻譯的人搞錯了也無可奈何，但現在我們重新考察了真實意涵，了解到這翻譯已經不符合實際情況，那麼就別說「以前都是這樣講」，應該要彈性地將翻譯修改過來吧。在本書的正文裡，至今為止翻譯成「狙擊」的部隊名稱全都改用「步槍」這個詞（例：「摩托化步槍營」）。

照片：Ministry of Defence of the Russian Federation

第4章
自走式火砲

照片：Ministry of Defence of the Russian Federation

重視砲兵火力的蘇聯

在2022年2月爆發的俄烏戰爭首戰中，烏軍成功擊退基輔方面的俄軍守下了首都，可謂打了一場漂亮的勝戰。關於此戰的分析，英國智庫Royal United Services Institute將其統整在一篇論文內《Preliminary Lessons in Conventional Warfighting from Russia's Invasion of Ukraine : February–July 2022》（發表於2022.11.30）。

根據分析指出，於基輔戰線中阻擋勢如破竹的俄軍、發揮最大效用的關鍵角色，其實是砲兵部隊；在這時最為活躍的武器，是舊蘇聯製造的各種火砲。蘇聯如前面所述將縱深作戰理論視為準則，以重視砲兵火力為世界所知。

在本章中，將會針對砲兵部隊所使用的自走式野戰砲進行解說。

4-1 縱深作戰理論與長射程火器

■打擊敵方戰線深處的長射程火器

戰車及步兵部隊的正面突破、空降師對敵後方的截斷，除以上兩點外支撐縱深作戰理論的三大支柱的最後一個，就是對所有深度的敵方陣營展開同時攻擊。想要做到這點，就需要同時使用各種射程的長距離攻擊武器。本節要談的就是這些長距離攻擊武器中屬於地面武器的火砲及火箭。

首先要說明的是火砲。這裡說的火砲不是戰車砲這類直射砲，而是彈道如同山丘般的曲射砲（榴彈砲）。不論戰車砲還是榴彈砲，砲彈都會受地球重力影響而勾勒出橢圓軌道，不過由於這軌道是「慢慢落下」的軌道，因此若要射到更遠的地方，就得考慮落下的距離將砲彈打得更高，於是彈道就成了山丘的形狀。戰車砲因為射程短且速度極快，看起來像是水平飛行，但實際上飛行軌跡還是帶有一點弧度。另外，如果是不須意識到地球弧度的射程，那麼直接將地球設定為平面也不會有太大誤差，透過拋物線就能逼近準確的軌跡。

自走榴彈砲／多管火箭砲的射程及負責範圍

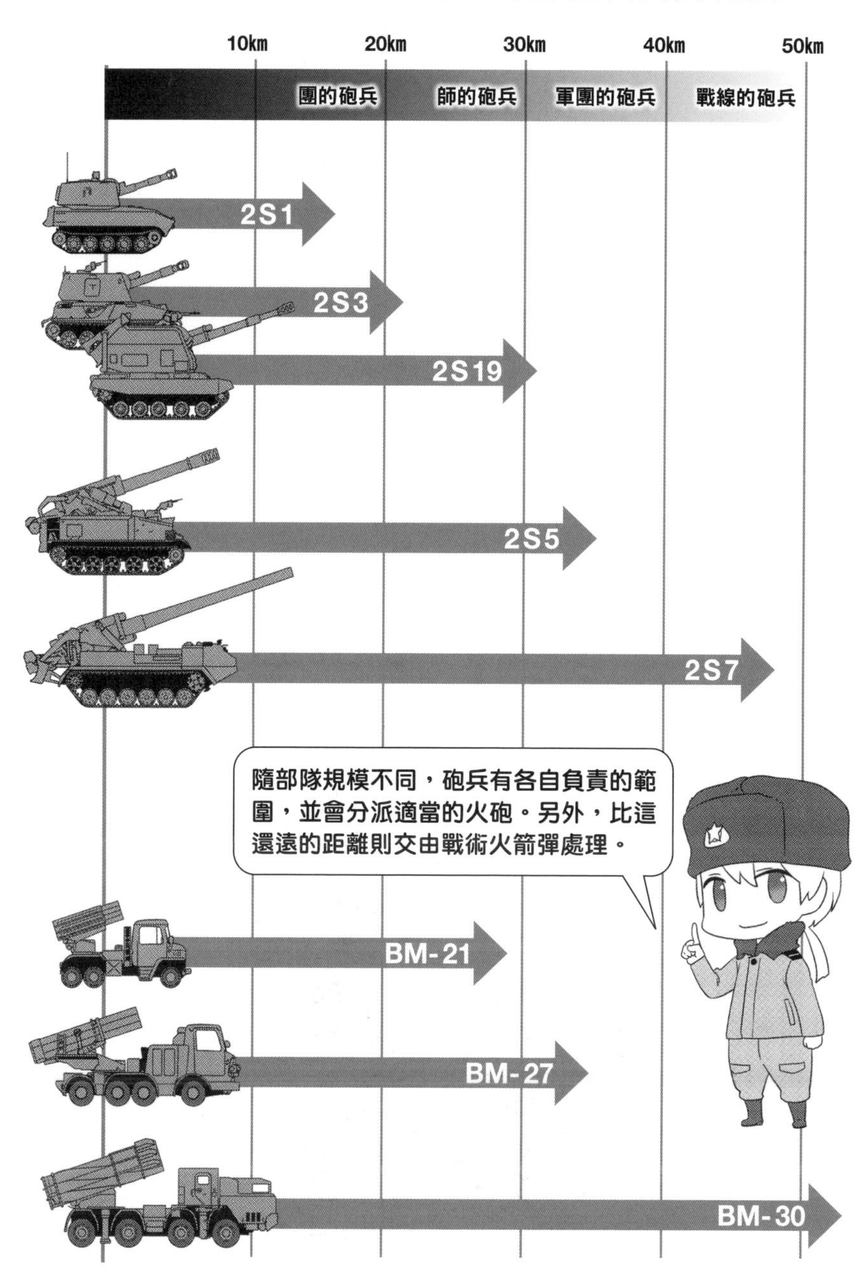

■運用多種口徑覆蓋全部射程

為了實施全縱深同時砲擊，蘇聯在歷史上曾配備了大量的火砲，而且與其他國家相同，首先配備的是牽引式的火炮，然而在地面部隊的移動速度愈來愈快的情況下，火砲也要求需具備能跟隨地面部隊的速度，因此到達目的地後能快速進行射擊，射擊後又能快速移動的自走砲便隨之普及。

蘇聯的火砲除了數量外，多樣的射程也令人驚歎。舉例來說，美國與德國的自走砲最後都各自統匯到M109及PzH2000，但蘇聯（及俄羅斯）仍同時配備射程不一的各種火砲。在105頁的圖片中表示了火砲（自走砲）和多管火箭砲（詳細請看4-4節）所負責的砲擊範圍（距離），其中各階層的軍隊編制會裝備不同類型的火砲，比如團級裝備短射程火砲、師級裝備中射程火砲、軍團裝備長射程火砲、戰線[※1]裝備超長射程火砲。此外在自走砲的系譜圖（112～113頁）上，各火砲由上往下排成了4列，表示其配備的軍隊階層。

以上的砲擊方法在打擊敵人這點上相當理想，但必須整頓好能穩定供給多種彈藥的體制，可以說只有蘇聯軍這巨大的戰鬥體系才能做到這種作戰方式。

照片：Ministry of Defence of the Russian Federation

※1：這裡說的「戰線（Фронт）」是種部隊單位，在戰爭時統合數個「軍團」，在日本的書籍上有時也翻譯成「方面軍」。本書採用直譯的「戰線」一詞。順帶一提，和平時期統合複數「軍團」的組織是「軍區」；相較於軍區管轄固定的區域，「戰線」則會隨著戰爭情勢而改變管轄區域。

4-2 自走榴彈砲

■分成四階段使用的自走榴彈砲——2S1／2S3／2S5／2S7

接著來解說各種自走砲吧。令人意外的，蘇聯正式配備自走榴彈砲的時間其實很晚，這是因為1950～60年代蘇聯領導人赫魯雪夫第一書記在思想上更加重視導彈所導致。前述各種射程的自走砲要到1970年代才登場，並在大約同一時期開始服役。從短射程的砲開始往上分別為自走榴彈砲編號成2S1、2S3、2S5、2S7，全為奇數看起來整齊又美觀。

◇2S1

射程最短的團級砲是「2С1［*2S1*］」，搭載35倍徑122㎜榴彈砲2A31，車身則使用MT-LB（請參照3-2節）當作基底。由於MT-LB是砲兵牽引車輛，所以說起來更像是把要牽引的榴彈砲放在車體上。跟其他車輛

2S1（照片：多田將）

相同，2S1也考慮到在核戰爭環境下的運用，因此採密閉式砲塔。2S1是方便好用的自走砲，在前線頗受到歡迎，共生產10000輛以上。

◇2S3

下一個射程比2S1長的師級砲是「2C3［*2S3*］」，搭載28倍徑152㎜榴彈砲2A33。相較於為人熟知的西方標準砲口徑155㎜，152㎜這個數字看起來似乎有些半吊子，但換算成英吋後，155㎜是帶有尾數的6.1英吋，152㎜則是剛剛好的6英吋。

◇2S5

射程再更長的軍團砲是「2C5［*2S5*］」，口徑雖與2S3同樣是152㎜，但搭載的是砲身更長的47倍徑榴彈砲2A37。由於此砲非常巨大，因此不採密閉式而是開放式砲塔，就連砲尾（砲的後端）都配置到車身的最後端，但即使如此砲口還是突出到車身的前方。

◇2S7

射程最長的是「2C7［*2S7*］」，搭載的是55倍徑203㎜榴彈砲2A44，是全世界最大，也是唯一能發射核子砲彈的自走榴彈砲。因這款2A44巨大無比，所以只能採用開放式砲塔。2S7經現代化改修後的版本稱為2S7M。

這些自走砲的暱稱全取自花的名字：2S1是「康乃馨（Гвоздика）」、2S3是「金合歡（Акация）」、2S5是「風信子（Гиацинт）」、2S7是「牡丹花（Пион）」。

（※倍徑可能因各國的資料而有些許的差異※）

2S5（照片：多田將）

2S7（照片：MAGATAMA）

■歷經統整的現代自走榴彈砲——2S19及2S35／2S34

2S1與2S3都各自研發了後繼車種；師級砲2S3的後繼車「2C19［*2S19*］」是在T-80的車體上搭載T-72系的引擎，並在巨大的砲塔上裝備47倍徑152㎜榴彈砲2A64。砲彈的裝填完全自動，而如果從砲塔後部拉出裝填用傳動帶，還可以從車外進行裝填。另外還可以發射雷射導引砲彈。2S19的暱稱是「MSTA-S（Мста-С，意指姆斯塔河）」。

雖然2S19相當優秀，但西方也研製出PzH2000等高性能新世代自走砲，於是進入21世紀後，俄羅斯進一步開始研發新型自走砲「2C35［*2S35*］」。雖然當初曾嘗試製作成2門砲管上下排列的特殊設計，但結果還是只採用單一砲管，在非軍事愛好者眼中看起來與2S19幾乎一模一樣、難以區分。但其實2S35的內部構造經過大幅變更，採用車長、砲手、駕駛員3名乘員全部並排坐在車內等跟T-14戰車一樣的人員配置，無人化的砲塔可以進行完全自動的裝填。火砲使用52倍徑152㎜榴彈砲2A88，最大射程大幅延長至80㎞，可以說統合了師級砲2S3與軍團砲2S5。2S35綽號「聯盟-SV（Коалиция-СВ）」，這個詞意思為聯合、聯盟，指的是研發階段那個雙砲管的設計。

團級砲2S1的後繼者是「2C34［*2S34*］」，設計保留了2S1車體並換掉122㎜榴彈砲，改為搭載後述跟2S31自走迫擊砲相同的120㎜砲2A80。2S34的暱稱為「玉簪花（Хоста）」。

2S19（照片：多田將）

2S35（照片：CRS@VDV）

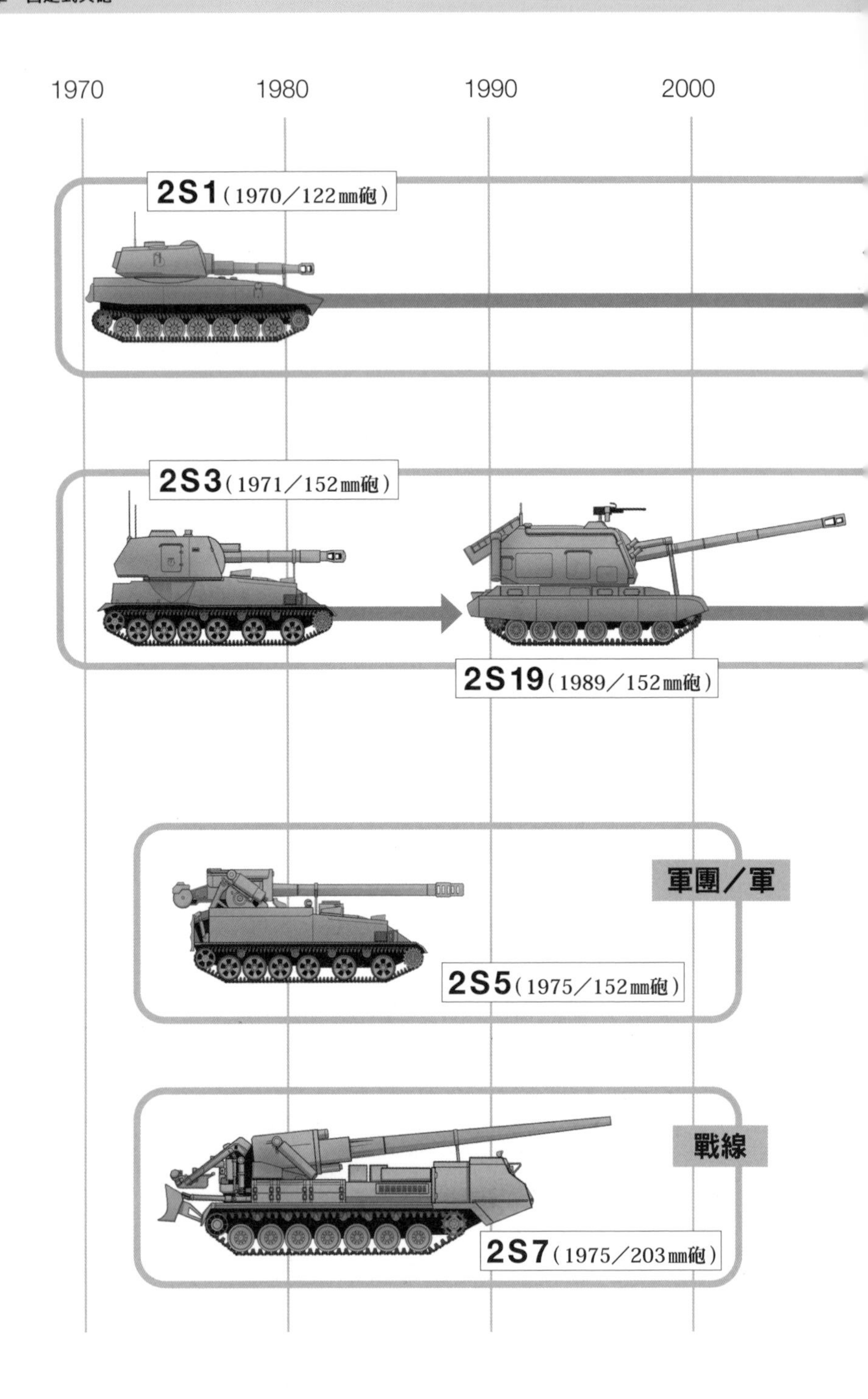
1970
1980
1990
2000
2S1（1970／122㎜砲）
2S3（1971／152㎜砲）
2S19（1989／152㎜砲）
軍團／軍
2S5（1975／152㎜砲）
戰線
2S7（1975／203㎜砲）

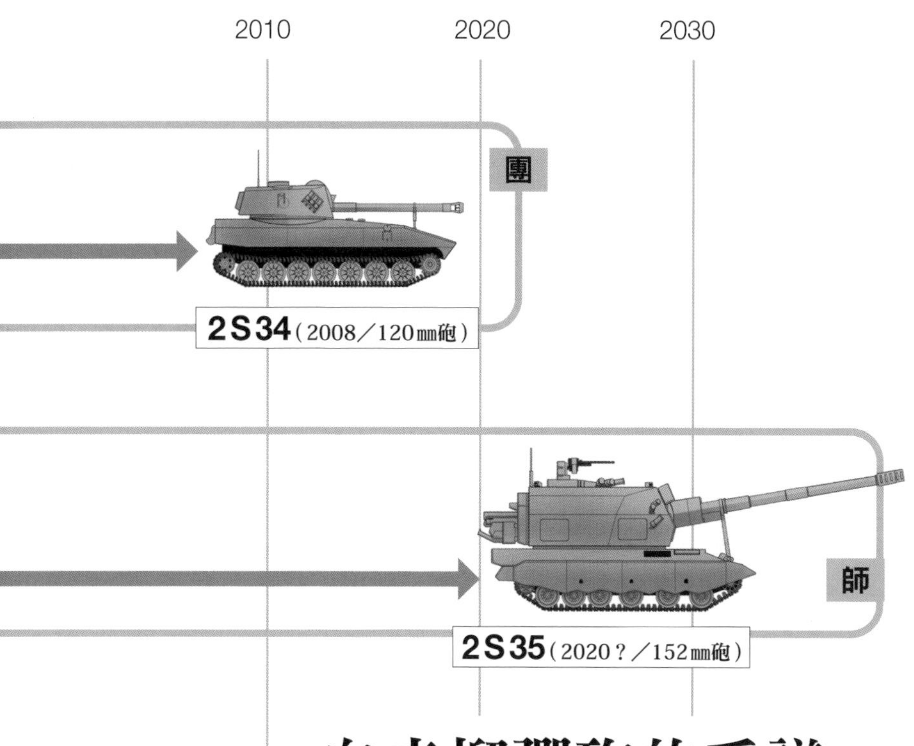

自走榴彈砲的系譜

■括號內為制式採用的年份，以及搭載的火砲口徑。

2S3（照片：Ministry of Defence of the Russian Federation）

4-3 自走迫擊砲

■迫擊砲也自走化

這裡想進一步提到迫擊砲。在構築野戰陣地時，想建立防禦水平方向（側面方向）攻擊的「牆」是比較簡單的，但想要防禦來自頭上的攻擊非常困難，必須做出地下設施等費時費力的構造。相反地，從攻擊方來看，比起從正面攻擊更希望採用能從上方攻擊的武器，給予敵人更有效的打擊。在這種思維下，誕生了臼砲[※2]與迫擊砲（兩者在英語中都是mortar，沒有區別）。相較於榴彈砲是為了延長射程而以山丘形的彈道進行射擊，迫擊砲的目的則正是從上方進行攻擊。

迫擊砲的砲身短、厚度薄，而且讓地面直接吸收發射時的衝擊因此沒有制退機。多數迫擊砲採用從砲口裝填的前裝式設計，沒有砲閂，整體構造

2S9（照片：多田將）

※2：臼砲指的是砲身極短、口徑巨大的砲。因為看起來像「石臼」而得名。雖然射程非常短，但因為口徑很大而具有強大的破壞力。

並不複雜且操作簡單，所以對並非砲兵的步兵而言是可以自行操作的支援火力，受到很大的重視，口徑82mm以下的砲甚至可以分解後讓步兵以人力運送。如果口徑到了120mm就要用車輛牽引，或像西方時常裝備到運兵車的載員艙，改造成自走式的迫擊砲。蘇聯則是研發了搭載120mm迫擊砲，並能夠像榴彈砲般使用的自走迫擊砲。

■2S9／2S23／2S31／2S4

最初登場的是「2C9［*2S9*］」，這是為了無法裝備自走榴彈砲的空降部隊，而在空降用裝甲運兵車BTR-D（請參照3-4節）上搭載24倍徑120mm迫擊砲2A51所改造而成的自走砲。2A51是能夠當作榴彈砲使用的後裝式火砲。2S9配屬於空降團內的自走砲營。

將裝備有2A51改良型2A60的砲塔，放在BTR-80車體上的則是「2C23［*2S23*］」，配備給摩托化步槍營的砲兵連（1個連約使用6輛）。接

2S4（照片：多田將）

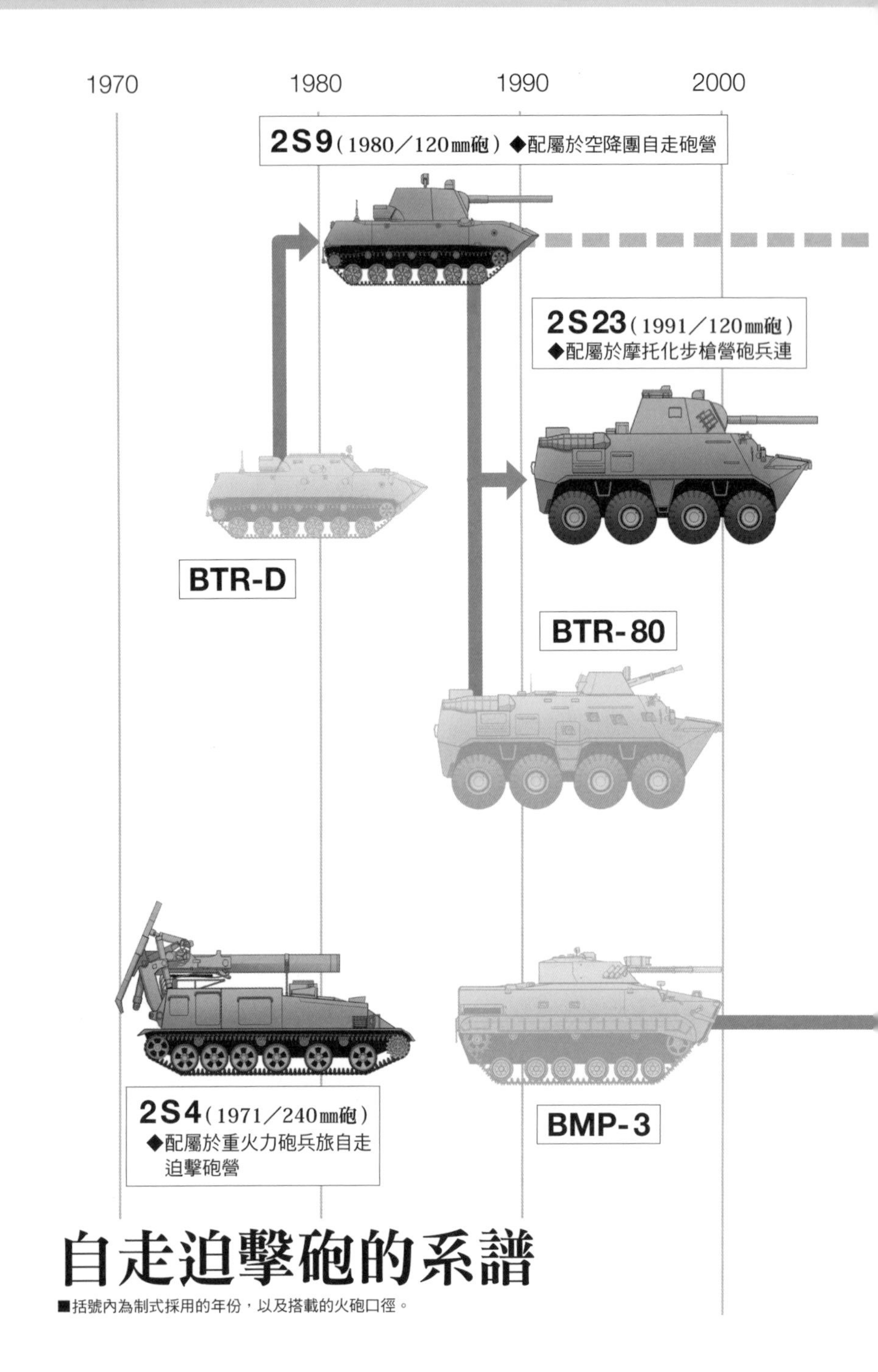

自走迫擊砲的系譜

■括號內為制式採用的年份，以及搭載的火砲口徑。

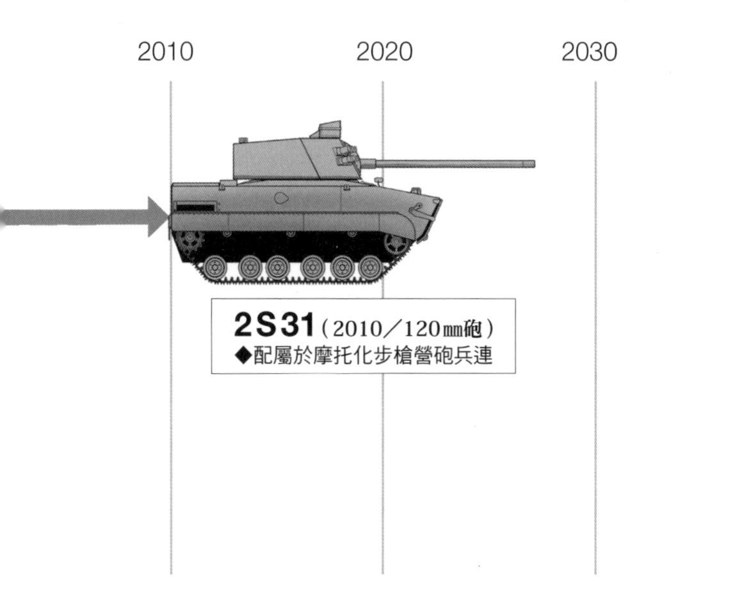

著繼續研發出來的是「2C31［*2S31*］」；2S31在BMP-3的車體上搭載了砲身比2A60還長的120㎜砲2A80，同樣配備給摩托化步槍營的砲兵連。關於2S31，由於研製完成的時間已是在蘇聯解體之後，因此預算不足的俄軍並沒有第一時間採用，而是先銷往了國外。另外，以上這些砲全都能發射反戰車用的成形裝藥彈，所以可作為反戰車砲使用。

除了上述的自走迫擊砲外，蘇聯還曾研製完全不同系統、搭載大型21倍徑240㎜迫擊砲2B8的「2C4［*2S4*］」。巨大的2B8無法收納於砲塔中，只能採外置式，發射時將砲身立在車身後方的地面上使用。蘇聯時期是配屬於直屬最高司令部的重火力砲兵旅自走迫擊砲營；自走迫擊砲營由3個自走迫擊砲連組成，每個連可運用4輛2S4（整個營合計12輛）。而在目前的俄羅斯聯邦軍中，每個諸兵種合成軍團會編制1個砲兵旅，每個砲兵旅之中再編1個營（12輛）運用2S4。2S4同樣能夠發射核子砲彈。

4-4 多管火箭砲

■攻擊「更深」的目標

雖說榴彈砲這種武器功效顯著、值得信賴，但也並非沒有缺點；為了藉由在膛室爆炸的火藥（氣體）膨脹來推動砲彈，想射得更遠就需要加大、加重承受壓力的膛室或砲管，光是想射出數十kg的砲彈就需要相當龐大的發射裝置。為了彌補這個缺點，設計者們想到的方法就是火箭彈。

火箭彈依靠彈體上攜帶的推進劑加速，因此不需要膛室或砲管，早期的發射裝置甚至只是在卡車上裝載發射軌而已（偉大衛國戰爭時期的BM-8／BM-13）。不僅彈體可以做得比榴彈砲大很多，而且只要加入更多推進劑就能延長射程。更有利的是火箭彈的加速比砲彈更穩定，因此彈殼（彈體的外殼）輕薄一點也沒問題，可以裝進更大量的炸藥，有些類型的火箭彈甚至裝入了集束彈頭。

當然火箭彈也有缺點，就是彈體佔空間而且頗為昂貴，不過榴彈砲與火

BM-13（照片：多田將）

箭彈可以用自身的優點互相彌補彼此的缺點，因此現代陸軍往往會同時裝備榴彈砲與火箭砲。

■比西方更早運用——BM-21／BM-27／BM-30

在西方國家，最為人熟知的多管火箭砲是履帶式的重型車輛M270 MLRS（Multiple Launch Rocket System），用來攻擊比榴彈砲更遠的目標。然而令人意外的是服役時間很晚，在美國陸軍要到1982年才開始服役。

在蘇聯，作為在偉大衛國戰爭中活躍的BM-8／BM-13（Катюша，喀秋莎）後繼者，經過BM-14後首先登場的是1960年代的「БМ-21［*BM-21*］」（9K51），接著是1970年代的「БМ-27［*BM-27*］」（9K57），再來則是1980年代的「БМ-30［*BM-30*］」（9K58）。這些火箭砲並非依次推出的改良型，而是跟榴彈砲一樣有各自負責的射程範圍；為了進行同時攻擊，需要並用這些火箭砲，且同樣分別交由師、軍團、戰線來使用（請參照105頁的圖）。

BM-21（照片：多田將）

火箭彈的直徑分別為122㎜、220㎜及300㎜，射程與彈頭大小依序成比例放大。跟西方的MLRS不同，通常只是裝載在沒有裝甲防護的卡車上，結構簡易，也因此能以便宜價格大量部署。這之中尤其BM-21除了出口外，許多國家也都獲得授權進行生產或仿製，曾有77國使用過（現在還有58國有現役車輛）。此外東歐各國、中國、伊朗、巴基斯坦等國都製造了各種火箭彈來運用，可以說是五花八門、變化多樣，也間接證明了它有多麼方便。BM-21（9K51）的改良型（9K51M）引進了衛星導航及彈道計算機，使射程變為原始版本的2倍，這說明即使車輛本身老舊，但只要更新「內容物」（火箭彈和電子儀器）就能長久活躍在第一線，是相當具有潛力的武器。

多管火箭砲在俄語中稱為「齊射火箭系統（Реактивная Система Залпового Огня、РСЗО［*RSZO*］）」。每款火箭砲的暱稱各自為BM-21「冰雹（Град）」、BM-27「颶風（Ураган）」、BM-30「龍捲風（Смерч）」、9K51M「旋風G（Торнадо-Г）」。

BM-30（照片：多田將）

■履帶車輛型多管火箭砲TOS-1

蘇聯也曾研製將多管火箭砲裝載至履帶車輛上的類型，即是接下來要介紹的「ТОС-1［*TOS-1*］」。在日本不知為何反而是這款火箭砲很常被提及，往往被介紹為「令人戰慄恐懼的武器」，但說穿了就是將BM-27的220㎜火箭發射器（24管）裝到T-72的底盤上而已。另外，「TOS-1」是整個系統的名稱，那輛搭載盒形發射器、造型令人印象深刻的車輛名稱為「БМ-1［*BM-1*］」。整個TOS-1由發射車BM-1以及備用彈運輸裝填車「ТМЗ-Т［*TZM-T*］」所構成。「ТОС」是「Тяжёлая Огнемётная Система（重型噴火系統）」的縮寫，而暱稱「布拉提諾（Буратино）」則源自義大利童話的皮諾丘。俄烏戰爭開打時俄軍只配備數輛TOS-1，並非主要武器。此外在武器展上，也曾公開過將發射器裝載在輪式車輛上的TOS-2。

TOS-1（照片：名城犬朗）

4-5 戰術火箭彈

■以德國技術為基礎的草創期──R-11／R-17

能夠攻擊比多管火箭砲更遠距離的是彈道飛彈。在彈道飛彈中，洲際彈道飛彈等用於戰略任務的類型由戰略火箭軍進行管理及運用[※3]，至於本書解說的則是陸軍所運用的短程彈道飛彈，以俄羅斯的說法會稱為「戰術火箭彈（Тактическая ракета）」[※4]。

蘇聯的彈道飛彈研發是從結束偉大衛國戰爭後，挪用德國的技術而開始發展的。一開始在蘇聯國內重現德國V-2火箭的飛彈是「R-1」，經過獨自改良後的版本則是「R-2」，成為蘇聯彈道飛彈的起點。之後設計這些飛彈的第1實驗設計局以這次得到的經驗為基礎所開發出來的短程彈道飛彈，就是大名鼎鼎的「P-11［*R-11*］」。

R-11有2個劃時代的特徵，第一個是燃料／氧化劑[※5]使用能在常溫下保存的煤油與硝酸，另一個特徵是可透過運輸直立發射車（Transporter Erector Launcher，TEL）進行發射（從改良型R-11M開始，R-11只能從固定於地面的發射台發射）。隨著這2點發明，戰術火箭彈提高了即時性及隱密性，終於成為可以運用在近代戰爭中的實用武器。

在這之後第385特別設計局接手R-11的研發，改良燃料／氧化劑等配方，最終研製出「P-17［*R-17*］」。TEL也從履帶式改為輪式車輛，提高了機動性能（R-17初期型號與R-11M同樣是履帶車）。不僅蘇聯大量使用，R-11和R-17還積極銷往國外，成為歷史上在實戰中發射次數僅次於德國V-2火箭的飛彈。R-11和R-17也成為西方國家以外的國家發展彈道飛彈的基礎，例如中國、北韓及伊拉克就以R-17為底仿製了自己的國產彈道飛彈，接著伊朗再從北韓、巴基斯坦再從中國與北韓學習到這些技

※3：關於戰略火箭軍使用的彈道飛彈，筆者在拙作《蘇聯超級軍武 戰略武器篇》（楓樹林出版社）有詳細解說。
※4：英語中雖然會區分「missile」（有導引能力）及「rocket」（無導引能力），但要注意在俄語中全都稱為「rocket」。俄軍所謂的戰術火箭彈，包含有導引能力（西方所說的missile）及無導引能力（西方所說的rocket）的所有飛彈。
※5：火箭的引擎是透過氧化劑來燃燒燃料並獲得推進力。另一方面，噴射引擎是從外部吸入空氣並與燃料混合，藉此來燃燒燃料。由於火箭引擎不需要仰賴外部空氣，因此在沒有空氣的太空中也能使用。

術並引進了自己國家。NATO將R-11和R-17合在一起給予代號「飛毛腿（Scud）」，我想更多人知道的應該是這個名字吧。

■一同投入了俄烏戰爭中——9K79／9K714／9K720

作為R-17的後繼彈種，蘇聯研發了2個不同系統的戰術火箭彈，分別是「9K79［*9K76*］」跟「9K79［*9K79*］」，2種都採用固體燃料。9K76的火箭本體（9M76）是接近10噸的大型二段式火箭，搭載在TEL時跟R-17一樣都直接裸露在外。另一方面，9K79的火箭本體（9M79）只有2噸左右，運輸時可收納在車內，發射時則打開車頂豎立發射台。結果，成為往後戰術火箭彈主流的是小型的9K79，並進一步發展出後繼的「9K714［*9K714*］」及「9K720［*9K720*］」。

9K720是2022年現在最新銳的戰術火箭彈，以「伊斯坎德爾M（Искандер-M）」的名字為人知曉，本書執筆當下正在進行的俄烏戰爭裡也已使用

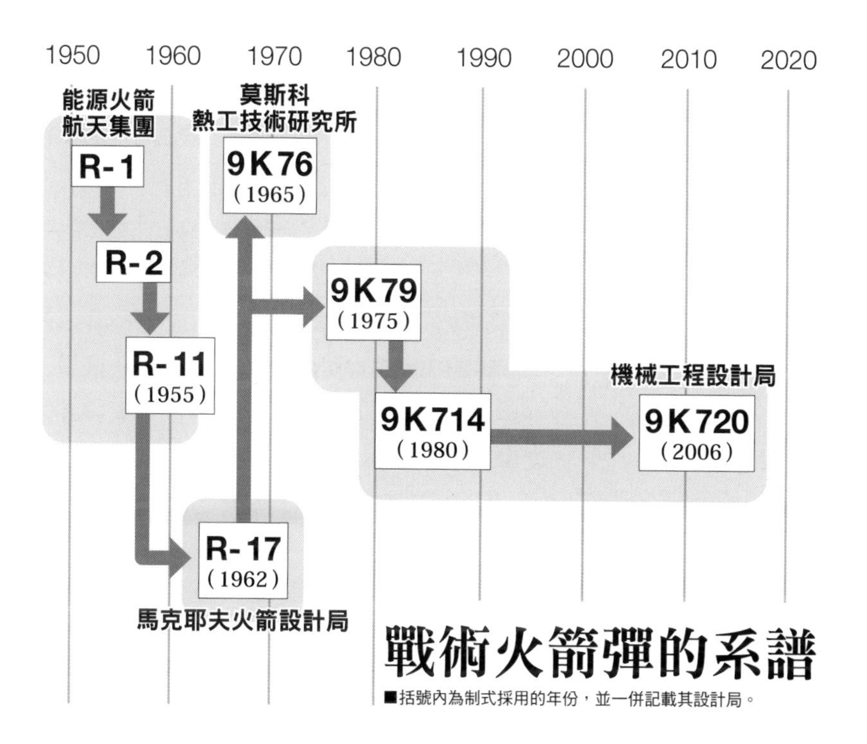

戰術火箭彈的系譜

■括號內為制式採用的年份，並一併記載其設計局。

了此款戰術火箭彈。另一邊雖然烏克蘭軍使用的則是9K79，不過俄軍也使用了書面上聲稱退役的9K79。

9K720每輛發射車可搭載2發火箭彈，除了彈道飛彈（9M723）外還能發射巡弋飛彈（9M728／9M729）。此外跟9K79相同，火箭彈在發射前都收納在車內，因此在實際發射前都不會知道車內搭載的是9M723還是9M728／9M729。9K720被俄羅斯陸軍視為最重要的武器之一，所有合成軍團都會編制1個「火箭旅」，每個火箭旅都配備12輛發射車（可一併參照書末的編制一覽）。

戰術火箭彈的導引方式採用彈道飛彈常見的標準慣性導航，不過9M79及9M714的改良型為了提高命中精確性，在飛行最終階段還追加了雷射導引。9M723同時運用慣性導航跟衛星定位系統（GLONASS）進行飛行，最終階段則加上雷射導引或影像導引。影像導引型的飛彈前端呈透明，可以看見內部的光學觀測器，能直接從外觀來區別。若採用影像導引，需要

9K79（照片：多田將）

先在發射時透過我方的偵察手段（衛星、軍用機或無人偵察機等）來記錄目標地點的影像，接近目標後再利用光學觀測器尋找與影像匹配的位置。隨著這項技術的運用，圓形公算誤差[※6]縮小到了5～7m。另外9M723除了單純的橢圓軌道，也能飛行複雜的軌道。

這些戰術火箭彈系統中，射程較長的在俄羅斯稱為「作戰戰術火箭複合體」（Оперативно-Тактический Ракетный Комплекс、OTPK［*OTRK*］）。本節提到的R-11、R-17、9K76、9K714、9K720都屬於此複合體。

■無導引的戰術火箭彈

這邊順便提及1950年代到60年代如雨後春筍般相繼研製出來的無導引戰術火箭彈吧。雖然無導引的命中精準度顯著低落，但以R-11初期型號來說，作為精確度指標的圓形公算誤差也大到3㎞之廣，跟無導引火箭彈沒什麼差別。在這層意義上，無導引火箭彈在導引技術發達前是支撐遠距打擊力的貴重戰力。即使蘇聯在9K79系統推出後就立刻汰換掉這些無導引火箭彈，不過許多出口國家直到21世紀都還當作現役武器使用。另外，俄用的無導引火箭彈甚至可以搭載核彈頭。

最早登場的是「2K1［*2K1*］」，其發射而出的火箭3R1看起來真就像是「把核彈裝在火箭上」的經典造型，彈頭部分比火箭部分還要粗大，整體外形如同火柴棒，給人一種核彈頭尚未小型化時的時代感。2K1的「火柴木軸（火箭部分）」放在履帶車輛上發射裝置的滑軌上，發射後往滑軌的方向飛出去。滑軌呈俯仰式設計，透過調整仰角來指定飛彈軌道。2K1的暱稱是「火星（Марс）」。

跟2K1幾乎同時期登場的還有「2K4［*2K4*］」。2K4的火箭3R2形狀跟3R1長得差不多，但大小遠比3R1巨大，發射裝置呈厚重的圓筒形（火箭部分塞進圓筒內，只有彈頭露出來），因此裝載的履帶車也非常大型。2K4的暱稱是「鵰鴞（Филин）」。

接著推出的是「2K6［*2K6*］」。雖然普通彈頭的火箭3R9的彈頭部分已

※6：假設現在發射多顆飛彈，以目標為圓心有「半數」的飛彈打中的範圍，其範圍半徑就稱為圓形公算誤差。比如發射10發後，以目標為圓心最靠近的5發所劃出來的圓形半徑即是圓形公算誤差。日語中有時也稱為「半數必中界」。這個數值常用來當作導引式武器精確度的指標。

2K6（照片：多田將）

經跟火箭部分的直徑相同，形狀看起來銳利很多，然而核彈頭的火箭3R10還是有個不成比例的大頭。這些火箭的噴嘴設計成與中心軸有所偏移，所以會一邊旋轉一邊飛行，尾翼也為此呈現斜向。2K6的暱稱是「月亮（Луна）」。

最後要介紹的無導引火箭彈是「9K52［*9K52*］」，為2K6的改良型，暱稱也是「月亮-M」。發射出去的火箭9M21在中央的主引擎噴嘴旁圍繞一圈旋轉用引擎的噴嘴。發射後，旋轉用引擎在從發射滑軌飛出去的瞬間點火並讓火箭旋轉，接著在短時間內燃盡，之後就保持旋轉狀態依靠主引擎的推力飛行。憑藉這些設計，使9K52雖然沒有導引，仍可以在射程65㎞下將圓形公算誤差縮小到700m。此外搭載發射裝置的車輛也改用輪式車輛。在蘇聯，9K52成為最後一款無導引火箭彈，之後的戰術火箭彈研發重心都轉移到了導引式。9K52實質上的後繼者，便是前述的9K79。

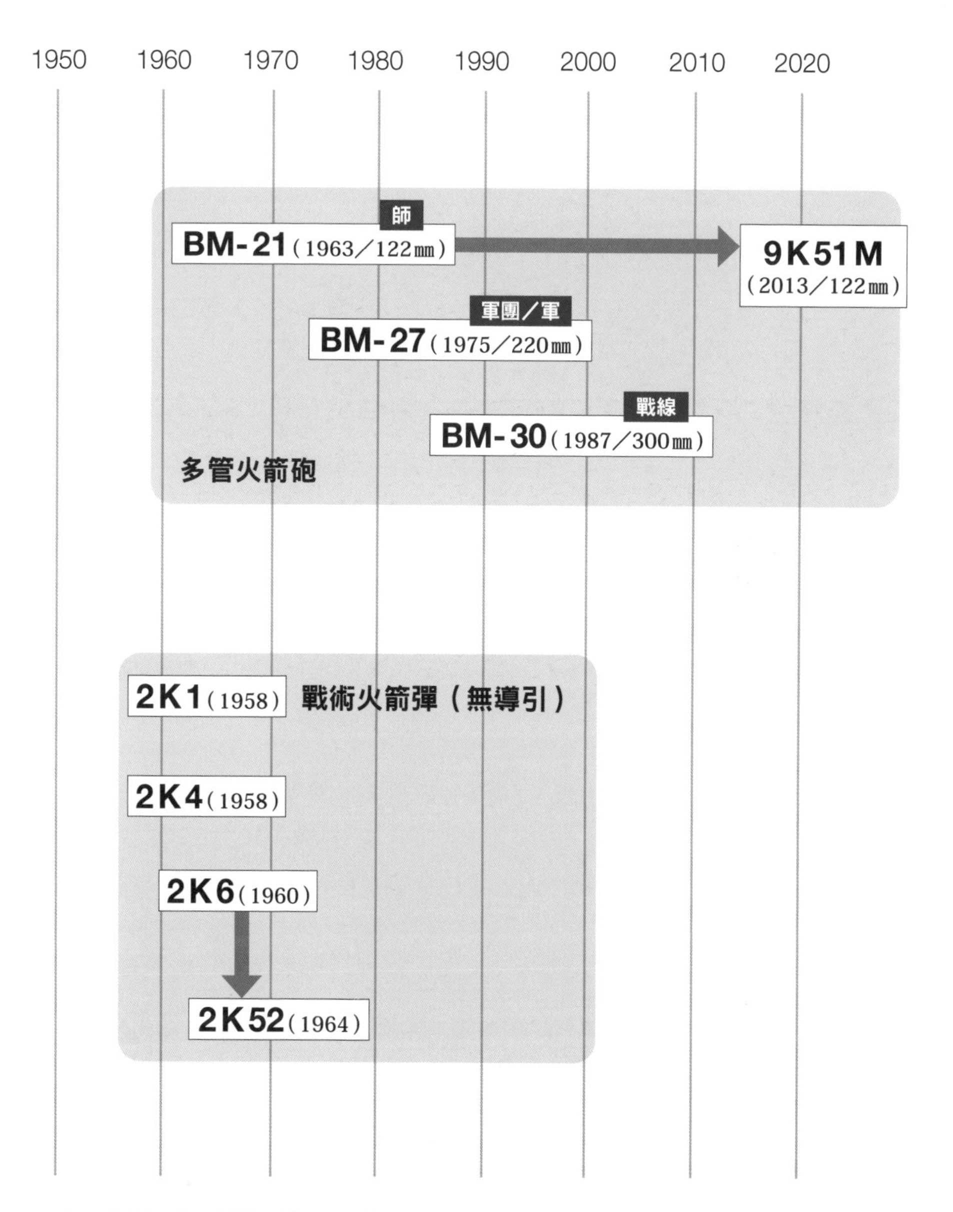

多管火箭砲／戰術火箭彈（無導引）的系譜

■括號內為制式採用的年份。多管火箭砲一併記載火箭的口徑。

蘇聯與美國陸地戰力的比較（1986年）

■凌駕美國的壓倒性陸地戰力

最後，我想來比較美蘇陸軍在冷戰高峰期（1986年）的武器數量來當作陸地武器的總結（引用自《The Military Balance》）。看過比較後，各位應該可以理解為了實現縱深作戰理論，需要多少戰車、裝甲車、火砲以及火箭砲，也不難想像要製造並維護如此之多的裝備，並徵召人數足夠運用這些裝備的大量士兵，會如何迫緊國家預算，使蘇維埃聯盟的壽命大幅縮短直至瓦解。

美蘇陸軍裝備比較（1986年）

陸軍裝備	蘇維埃聯盟	美利堅合眾國
戰車	53,000	14,296
裝甲運兵車	29,000	20,280
裝步戰車	27,500	3,492
迫擊砲	11,000	7,400
榴彈砲	29,000	5,450
多管火箭砲	6,745	337
戰術火箭彈	1,570	186
防空砲	21,000	600
防空飛彈	4,420	493

終章

■設計局與工廠
■俄羅斯聯邦軍編制一覽

設計局與工廠

■蘇聯的工業運作機制

在西方各國，即使說是軍需產業也仍由民間企業組成，軍隊會向這些企業提出需求，並委託企業進行設計與製造。以戰鬥機為例，各家廠商會依照軍隊的需求提出概念設計案，軍隊再從這些企業中選擇約2間企業，並與之簽訂試驗機的製造契約。雖然這種方式符合資本主義的原理，卻有一個難處，那就是除了最後獲得正式生產契約的企業外，其他企業得不到工作。雖說不論設計還是製造試驗機，政府都會支付相應的費用，但對廠商來說能夠進行量產當然還是目標所在。

相反地，蘇聯則將負責設計與製造試驗機的實驗設計局（Опытно-Конструкторское Бюро、ОКБ［*OKB*］）與負責生產的工廠（завод）區分開來。實驗設計局會先依照政府提示的需求進行設計並製造試驗機，政府再根據實驗結果決定是否採用，然後命令工廠進行生產；即使試驗機未能獲得採用，但實驗設計局的工作在完成試驗機的階段就結束了，而工廠也由政府分配工作，不會落得一無所獲的下場。這種機制正可說是名符其實的「社會主義」體系。負責武器設計的設計局除了實驗設計局外，還設有中央設計局（Центральное Конструкторское Бюро、ЦКБ［*TsKB*］）、特別設計局（Специальное Конструкторское Бюро、СКБ［*SKB*］）及專門設計局（Специализированное Конструкторское Бюро、СКБ［*SKB*］）等等。

■用代號稱呼的設計局與工廠

這些設計局都會被分配到一個代號，例如「第155實驗設計局（ОКБ-155）」。日後每個設計局也被授予個別的名稱，第155實驗設計局即是「米高揚－古列維奇設計局」。

工廠也如同「第189工廠（Завод №. 189）」這樣用代號稱呼，並與設計局同樣在日後授予個別名稱，第189工廠即是「波羅的海造船廠」。不過由於代號制是蘇聯政府的方針，因此對於歷史古老到可追溯至帝政時期的老牌工廠而言，只是「恢復原名」而已。

工廠中那些車輛工廠的特徵之一就是「都經歷過偉大衛國戰爭」。在這場戰爭中隨著德國的侵略，大量的工廠曾進行疏散，其數量甚至多達1523間；而疏散後的工廠又在其他地方推動了軍需產業的發展。以西伯利亞為首的東方工廠因戰爭而發達，許多工廠至今仍都是支撐俄羅斯的軍需產業重鎮。

以下就針對本書提及的戰鬥車輛來介紹它們的設計局與工廠吧。

■設計局

戰鬥車輛的設計局與其說是獨立機構，不如說更像是「工廠內的設計部」。這雖然在蘇聯內是相對異樣的情況，但對西方國家而言反而是最普遍的光景。

❶第520實驗設計局→第60設計局（OKБ-520→KБ-60／哈爾科夫設計局）

1927年成立，位於現在烏克蘭東部的哈爾科夫（哈爾基夫），獨立自原本哈爾科夫蒸汽火車工廠（①）內的設計部。偉大衛國戰爭時期與哈爾科夫蒸汽火車工廠一同疏散至烏拉爾車輛工廠（②），不過在1951年回遷到哈爾科夫，此時原本的代號（第520）留給了烏拉爾，哈爾科夫本處則改為第60設計局。以BT的開發為契機，在第3任設計局長米哈伊爾・伊里奇・科什金主導下研製了後繼的T-34，之後此設計局成為戰車研發的重鎮。現在的名稱是「以A. A.莫洛佐夫為名的哈爾科夫機械工程設計局」（Харьковское конструкторское бюро по машиностроению имени А. А. Морозова）。莫洛佐夫是科什金的學生，為第4任設計局長。

［研發武器］BT／T-34／T-55／T-64（僅記載本書提到的武器，以下皆同）

❷第520實驗設計局（OKБ-520／烏拉爾設計局）

位於烏拉爾山脈東面的下塔吉爾。如前面所述，自1941年從哈爾科夫遷移過來後便在此進行生產活動，之後OKB-520的名稱由此設計局繼承。蘇聯時期，烏拉爾設計局與哈爾科夫設計局是設計主力戰車的主要地點。蘇聯解體後因烏克蘭成為獨立國家，所以這裡成為俄羅斯設計戰車的關鍵要地，也研發了新世代戰車T-14。現在是烏拉爾車輛工廠（②）的設計部門。

［研發武器］T-44／T-54／T-62／T-72／T-90／T-14

照片：綾部剛之

❸第2特別設計局（СКБ-2、КБ-3／列寧格勒設計局）

原本是基洛夫工廠（③）的設計局，1934年獲得設計局代號SKB-2。1951年改名戰車製造特別設計局（Особое конструкторское бюро танкостроения）、1968年改名第3設計局（КБ-3）、1985年改名運輸機械工程特別設計局（СКБ транспортного машиностроения），到了蘇聯解體後再次改名為「特別機械工程、冶金控股公司特別設計局『Transmash』」（СКБ «Трансмаш» АО “Специальное машиностроение и металлургия”）。

［研發武器］T-80／2S7及R-11M的發射車

❹第174實驗設計局（ОКБ-174／運輸機械工程設計局）

原本是鄂木斯克工廠（④）的設計局，1958年獲得設計局代號，製造各種裝甲車輛的改造型號並實施現代化設計。2008年併購破產的鄂木斯克工廠，成為「鄂木斯克運輸機械工程工廠」（Омский завод транспортного машиностроения）。

❺機械工程特別設計局（СКБМ）

原本是1954年作為中型砲兵牽引車設計局而在庫爾干機械製造廠（⑫）內成立的設計局，不過第178工廠（⑪）內的設計局其中的BMP設計部門搬遷至此後，此處便成為著名的裝步戰車設計局。現在的名稱是「機械工程特別設計局（Специальное Конструкторское Бюро Машиностроения）」。

[研發武器] BMP-2／BMP-3／B-10／B-11／BTR-MDM

❻第3實驗設計局（ОКБ-3）

1942年成立，原本是第50工廠（⑩）內的設計局，現在已非獨立設計局而是回歸到原本工廠的設計部門。

[研發武器] 2S3／2S4／2S5／2S19

❼第172特別設計局（СКБ-172）

第172工廠（⑰）內的設計局。除了研發自走砲所搭載的火砲，也負責研發自走砲本體。

[研發武器] 2S23／2S31／2S34

[研發武器（火砲）] 2S4／2S5／2S9／2S23／2S31／2S35的火砲

❽第221特別設計局（СКБ-221）

1938年作為第221工廠（⑱）內的設計局（第221實驗設計局，ОКБ-221）於史達林格勒成立，但在偉大衛國戰爭時因德軍逼近，曾於1942年暫時解散。1950年以特別設計局（СКБ-221）名義重建，之後開始設計自走砲的火砲以及包含洲際彈道飛彈在內所有車輛發射式彈道飛彈的發射車。1991年成為獨立公司，並於2014年與街壘工廠（⑱）合併成為「『泰坦－街壘』聯邦研究中心（Федеральный научно-производственный центр «Титан-Баррикады»）」。

[研發武器（火砲）] 2S7／2S19的火砲

[研發武器（發射車）] 2K1／2K6／9K79／9K714／9K720的發射車

❾第9實驗設計局（ОКБ-9）

第9工廠（⑲）內的設計局，是現今俄羅斯唯一的戰車砲設計局。

[研發武器（戰車砲）] T-62／T-64／T-72／T-80／T-90／T-14的戰車砲

[研發武器（榴彈砲）] 2S1／2S3的榴彈砲

⑩中央精密機械工程科學研究所（Центральный научно-исследовательский、институт точного машиностроения、ЦНИИточмаш）

1944年作為研究機構成立於第304工廠內。主要負責研發的都是手槍、步槍等步兵攜帶武器，唯一研發過的裝甲車輛為2S9。

[研發武器] 2S9

⑪海燕

1970年作為第92工廠的設計局於下諾夫哥羅德成立，主要研製火砲等各式裝備。現在的正式名稱為「『海燕』中央科學研究所（Центральный научно-исследовательский институт «Буревестник»）」，是烏拉爾車輛工廠（②）的一部分。

[研發武器] 2S35

⑫第1實驗設計局（ОКБ-1／能源）

1950年由「火箭之父」科羅廖夫率隊成立。除了研製出蘇聯史上第一顆彈道飛彈R-1、世界第一顆洲際彈道飛彈R-7，也完成將人工衛星及人類首次送出宇宙的創舉。初期主導的是彈道飛彈研發，不過之後轉為太空開發專門機構。現在的名稱是「以S. P.科羅廖夫為名的火箭航天集團『能源』（Ракетно-космическая корпорация «Энергия» имени С. П. Королёва）」。

[研發武器] R-1／R-2／R-11

⑬第1中央設計局（ЦКБ-1／莫斯科熱工技術研究所）

1946年成立。以固體燃料式彈道飛彈的研發為核心，現在一手包辦固體燃料式洲際彈道飛彈、潛射彈道飛彈的所有開發業務。目前的名稱為「莫斯科熱工技術研究所（Московский институт теплотехники）」。

[研發武器] 2K1／2K4／2K6／9K52／9K76

⑭第385特別設計局（СКБ-385／馬克耶夫）

1947年作為第66工廠（㉑）的設計局而成立，位在1945年被第66工廠收購的第385工廠原址，領導人是科羅廖夫的學生馬克耶夫。在繼承R-11的研究後，研發了至今為止所有液體燃料式的潛射彈道飛彈，目前也正在研發新型的洲際彈道飛彈RS-28。現在的名稱是「以科學院院士V. P.馬克耶夫為名的國立火箭中心（Государственный ракетный центр имени академика В. П. Макеева）」。

[研發武器]R-17

⑮機械工程設計局（КБМ）

1942年成立，位於莫斯科東南方向100㎞的科洛姆納。雖然最著名的研發成品是迫擊砲，但進入飛彈時代後主要研發反戰車飛彈。9K79之後也成為戰術火箭彈的開發重鎮。現在的名稱是「『機械工程設計局』科學生產公司（Научно-производственная корпорация «КБ машиностроения»）」

[研發武器]9K79／9K714／9K720

■工廠

①Завод No. 183→Завод No. 75／哈爾科夫蒸汽火車工廠

1896年創立，位於哈爾科夫（哈爾基夫）。如名稱所示，原本以蒸汽火車的製造為主要業務。第183工廠是最早製造T-34的工廠，之後以此車輛為生產重心，不過隨著偉大衛國戰爭爆發時德軍的侵攻，工廠疏散到下塔吉爾。此時製造引擎的部門則疏散到車里雅賓斯克，並作為第75工廠獨立。蘇聯奪回哈爾科夫後，回歸的兩者再次整合，並將名稱統一為第75工廠。回歸後成為蘇聯最具代表性的戰車工廠。

蘇聯解體後烏克蘭成為獨立國家，因此日後開始生產烏克蘭的戰鬥車輛。現在的名稱是「以B. A.馬雷舍夫為名的運輸機械工程工廠（Харьковский завод транспортного машиностроения имени В. А. Малышева）」。

[製造武器]BT／T-34／T-44／T-54／T-55／T-62／T-64／T-80UD

②Завод No. 183／烏拉爾車輛工廠

1936年建廠，位於下塔吉爾。原先製造的是鐵路相關車輛，不過在1941年由於第183工廠（①）疏散至此，因此延續了T-34的生產。即使在蘇聯奪回哈爾科夫並重新開始在哈爾科夫製造戰車後，烏拉爾車輛工廠也仍持續進行生產，與哈爾科夫蒸汽火車工廠共同成為蘇聯最重要的戰車製造據點。另外因為哈爾科夫蒸汽火車工廠改名第75工廠，所以這裡繼承了第183工廠的代號。現在是俄羅斯最具實力，也是世界規模最大的戰車工廠。

現在的名稱為「以Ф. Э.捷爾任斯基為名的科學生產公司『烏拉爾車輛工廠』（Научно-производственная корпорация «Уралвагонзавод» имени Ф. Э. Дзержинского）」。

[製造武器] T-34／T-54／T-55／T-62／T-72／T-90／T-14／BMPT／T-15

③ Завод №. 100／基洛夫工廠（Кировский завод）

1801年創立，位於聖彼得堡，其前身是位於聖彼得堡外海的克隆斯塔特（科特林島）上的一所鋼鐵鑄造廠。鑄造廠轉移至聖彼得堡後以其鑄造背景開始依序製造火砲、艦艇、鐵路車輛以及拖拉機等等，曾是俄羅斯帝國最大型的工廠。

偉大衛國戰爭時期疏散至車里雅賓斯克（⑪）。

1948年從疏散地回歸後，除了原本的產品外還製造了核動力艦船的渦輪及齒輪零件、燃氣渦輪引擎等等。最特殊的製品之一是製造了世界第一個濃縮鈾所需的離心分離機（1954年起）。

[製造武器] T-80／2S7及R-11M的發射車

④ Завод №. 174／鄂木斯克工廠

1896年創立。位於列寧格勒的第174工廠（1932創立）在1941年轉移至奧倫堡[※1]，緊接著在1942年來到鄂木斯克後，鄂木斯克工廠便開始生產戰車。其他還經手了戰車零件製造、零件現代化改造、戰車底盤的工兵車等各種業務。如同前述於2008年破產，被運輸機械工程設計局（❹）吸收合併。

[製造武器] T-34／T-54／T-55／T-62／T-80

⑤阿爾扎馬斯機械製造工廠（Арзамасский машиностроительный завод）

1972年創立，負責製造輪式的裝甲運兵車。

[製造武器] BTR-70／BTR-80／BTR-82／BTR-90／K-16／K-17

※1：更精確的發音是「阿連堡」

⑥利哈喬夫紀念工廠（Завод имени Лихачёва）

1916年創立，目的在於扶植莫斯科的汽車產業。偉大衛國戰爭時期疏散到多個城市，並於此時將汽車產業帶到各地開枝散葉。1931年至1956年間稱為「史達林紀念工廠」，也就是「ZIS」。不過在去史達林化（1956年）之後，從史達林改名為利哈喬夫，也就是「ZIL」。透過生產軍用卡車來支撐著陸軍。

[製造武器]BTR-152

⑦高爾基汽車工廠（Горьковский автомобильный завод）

1932年創立，位於下諾夫哥羅德（舊稱高爾基）。本工廠是在福特公司的技術協助下建廠，因此擅長製造輪式車輛。以「GAZ」之名為人所知。

[製造武器]BTR-40／BTR-60／BTR-70／BTR-80／BTR-90

⑧伏爾加格勒拖拉機廠（Волгоградский тракторный завод）

1930年創立。過去曾稱為「史達林格勒拖拉機廠（Сталинград скийтрак-торный завод）」，不過後來史達林格勒改名為伏爾加格勒，工廠名稱也隨之變更。雖然此處也是拖拉機廠，不過以T-34為首，也製造許多履帶式的軍用車輛。最有名的製品是一系列空降戰車。

[製造武器]BMD-2／BMD-3／BMD-4／BTR-D／BTR-50／2S25

⑨哈爾科夫拖拉機廠（Харьковский тракторный завод）

1931年創立，主要生產非軍用的拖拉機。

[製造武器]MT-LB／2S1

⑩Завод No. 50／烏拉爾運輸機械工廠（Уральский завод транспортного машиностроения）

1817年創立，位於葉卡捷琳堡。起初由採金廠發跡，並製造與礦業有關機械，不過隨著偉大衛國戰爭中許多工廠疏散至此，也開始製造戰鬥車輛。

[製造武器]2S3／2S4／2S5／2S19／2S35

⑪Завод No. 178／車里雅賓斯克拖拉機廠（Челябинский тракторный завод）

1933年建廠，位於車里雅賓斯克。起初如名稱所示是製造拖拉機的工廠，但在偉大衛國戰爭時期第100工廠（③）和第75工廠（哈爾科夫蒸汽火車工廠的引擎部門，①）疏散至此後，車里雅賓斯克拖拉機廠便開始製造戰車。在戰爭期間共生產了48500台戰車用柴油引擎，以及包含T-34、重戰車與自走砲在內共18000輛車輛。現在是烏拉爾車輛工廠（②）的子公司。

［製造武器］T-34／T-72／BMP

⑫庫爾干機械製造廠（Курганский машиностроительный завод）

1950年創立，原本是製造起重機的工廠（庫爾干重型起重機工廠），自1954年起改為庫爾干機械製造廠並開始製造拖拉機等各式車輛。1966年之後再加以製造軍用車輛，成為製造裝步戰車的第一把交椅。

［製造武器］BMP／BMP-2／BMP-3／B-10／B-11／BMD-4／BTR-MD／BTR-MDM

⑬庫爾干輪式拖拉機廠

1950年創立，同樣位在庫爾干，不過此處專門製造輪式車輛。用於當作戰車運輸車的重型牽引車MAZ-535／537、KZKT-545／7428等等都是著名車型。雖然曾生產民用的大型卡車、拖車與拖拉機，不過進入俄羅斯聯邦時期後因訂單大減而破產。正式名稱為「以Д. M.卡爾比舍夫為名的庫爾干輪式拖拉機廠（Курганский завод колёсных тягачей имени Д. М. Карбышева）」。

［製造武器］BTR-60

⑭魯布佐夫斯克機械製造廠（Рубцовский машиностроительный завод）

1959年成立。超過5萬輛的MT-LB中的大部分都在本工廠製造，除此之外還生產了BMP系列的零件及BMP系列的改造車輛。2011年被烏拉爾車輛工廠（②）收購成為其分公司。

［製造武器］MT-LB

⑮ Завод No. 40／梅季希機械製造廠（Мытищинский машиностроительный завод）

1897年創立，原本製造的是電車。1941年暫成為第592工廠，但隔年在疏散地再次改稱為第40工廠。工廠內的設計局為OKB-40。

［製造武器］ASU-57

［製造武器（車體）］2K12／9K37的車體

⑯烏里揚諾夫斯克機械工廠（Ульяновский механический завод）

1966年從第852工廠（烏里揚諾夫斯克汽車製造廠，UAZ）獨立出來。

［製造武器］2K22／2K12／9K37

⑰ Завод No. 172／莫托維利哈工廠（Мотовилихинские заводы）

1736年創業，是間擁有古老歷史的工廠，現位於彼爾姆。莫托維利哈工廠從銅的提煉起家，自帝政時代起便開始製造大砲，至今也生產了許多搭載於自走砲的火砲。除了車輛外還曾製造過洲際彈道飛彈RT-2以及油田設備等等，擁有多彩的製造能力。

［製造武器］2S9／2S23／2S31／2S34／BM-21／BM-27／BM-30

［製造武器（火砲）］2S4／2S5／2S9／2S23／2S31／2S34／2S35的火砲

［製造武器（火箭）］2K4的火箭

⑱ Завод No. 221／街壘

原本是1914年建廠於察里津（後來的史達林格勒）的察里津槍械製造廠，隨後成為第221工廠。偉大衛國戰爭後改名為「街壘」工廠（Производственное объединение «Баррикады»），主要製造前述❽所提到SKB-221設計的火砲及彈道飛彈發射車。2014年被設計局（❽）所合併。

［製造武器（火砲）］2S7／2S19的火砲

［製造武器（發射車）］2K1／2K6／9K52／9K76／9K79／9K720的發射車

⑲ Завод No. 9／第9工廠

1942年創立，位於葉卡捷琳堡，是現今俄羅斯唯一的戰車砲製造商。現在的公司名稱仍是「Завод No. 9」。

［製造武器（火砲）］T-62／T-64／T-72／T-80／T-90／T-14的戰車砲

⑳ Завод No. 112／紅色索爾莫沃造船廠

1849年建廠，位於下諾夫哥羅德。雖然是著名的潛艦造船廠，但在偉大衛國戰爭時期也曾製造過T-34。現在的正式名稱為「『紅色索爾莫沃造船廠』股份有限公司」。

［製造武器］T-34

㉑ Завод No. 66／茲拉托烏斯特工廠

1939年創立。原先製造機關槍及衝鋒槍等槍械，但在1947年於廠內設立SKB-385（⓮）後，開始製造設計局所研發的彈道飛彈，尤其在潛射彈道飛彈的生產上做出重大核心貢獻。現在的名稱是「茲拉托烏斯特機械製造廠（Златоустовский машиностроительный завод）」。

［製造武器］R-11／R-17

㉒ Завод No. 235／沃特金斯克工廠（Воткинский завод）

原是1759年創立的鋼鐵鑄造廠。偉大衛國戰爭中製造了超過30000門反戰車砲。1958年起開始生產火箭；雖曾經製造過R-11／-17，不過從1966年開始製造首批固體燃料彈道飛彈9M79後，就成為固體燃料彈道飛彈的主力工廠。俄羅斯現役的所有固體燃料式洲際彈道飛彈、潛射彈道飛彈以及戰術火箭彈全都在這裡製造。

［製造武器］R-11／R-17／9M76／9M79／9M714／9M723

㉓ Завод No. 78／史坦科馬什

1935年創立，位於車里雅賓斯克。原先是製造工業設備的工廠，但自偉大衛國戰爭時期開始生產裝甲車的零件，之後也跟進製造軍用品，曾負責製造無導引戰術火箭彈的火箭本體。現在的名稱是「『史坦科馬什』聯邦研究生產中心（Федеральный научно-производственный центр «Станкомаш»）」。

［製造武器（無導引火箭）］3R1／3R2／3R9／3R10／9M21

㉔彼得羅巴甫洛夫斯克重型機械製造廠

（Петропавловский завод тяжёлого машиностроения）

1961年創立，位於哈薩克的彼得羅巴甫洛夫斯克。主要產品是石油及天然氣產業所需的機械設備，不過也曾生產許多軍用零件。

［製造武器（發射車）］R-17／9K714的發射車

◆戰鬥車輛的設計局與工廠

俄羅斯聯邦軍編制一覽

■軍區制

無論在任何國家，都會將國土分為若干地區並交由各個作戰部隊駐守與指揮。在俄羅斯，軍區（Военный округ）早自帝政時代起便已經設立（第一次世界大戰時有14個軍區）；進入蘇維埃聯盟時期後也同樣繼承軍區劃分，並在偉大衛國戰爭開戰時重劃了16個軍區及1個戰線（Фронт）[※1]。戰爭即將結束時，軍區一度增設至29個（對日宣戰後更增至32個），不過蘇聯在後來的冷戰時期對軍區進行整合，在冷戰高峰期的1980年代劃為16個軍區。順帶一提，「軍區」是非戰爭時期下的編制，戰爭時會以此為基礎再設立「戰線」。

到了俄羅斯聯邦時期，軍區多次進行統合，曾經合併到只剩下4個軍區，不過2014年北方艦隊獨立為聯合戰略司令部[※2]，2021年更進一步升級，享有與軍區同等的權限。

軍區的特徵在於轄下陸海空各式部隊都由軍區統一指揮（專業術語稱為「聯合」運用）。陸海空三軍跨越軍種藩籬，由單一作戰指揮部指揮運用，這在如今許多國家都已是常態，不過蘇聯早在冷戰時期便已開始實施這樣的編制。

右邊的地圖是1986年與2022年的軍區示意圖，並一併記入各個軍區曾經或現在管轄的師及旅的數量。1986年當時的蘇軍擁有戰車師51、摩托化步槍師142、砲兵師16、空降師7的兵力，是現代難以想像的超巨大組織，與其相比之下也能看出今天俄軍的規模是多麼「小巧玲瓏」。

■各軍區轄下的部隊

本節將列出各個軍區在2022年2月時（入侵烏克蘭前），陸軍、空降軍、海軍沿岸軍的編制，其中只列出旅級以上的戰鬥部隊，省略旅級以下的部隊以及支援部隊、特殊部隊。至於航空太空軍的編制，我想在下一集介紹。此外關於海軍編制，還請各位參考《蘇聯超級軍武 戰略武器篇》（楓樹林出版社）。

※1：如4-1節的注釋，這裡說的「戰線」是種部隊單位。
※2：具有權限能同時指揮多個軍種的指揮組織。

◆軍區與戰力——1986

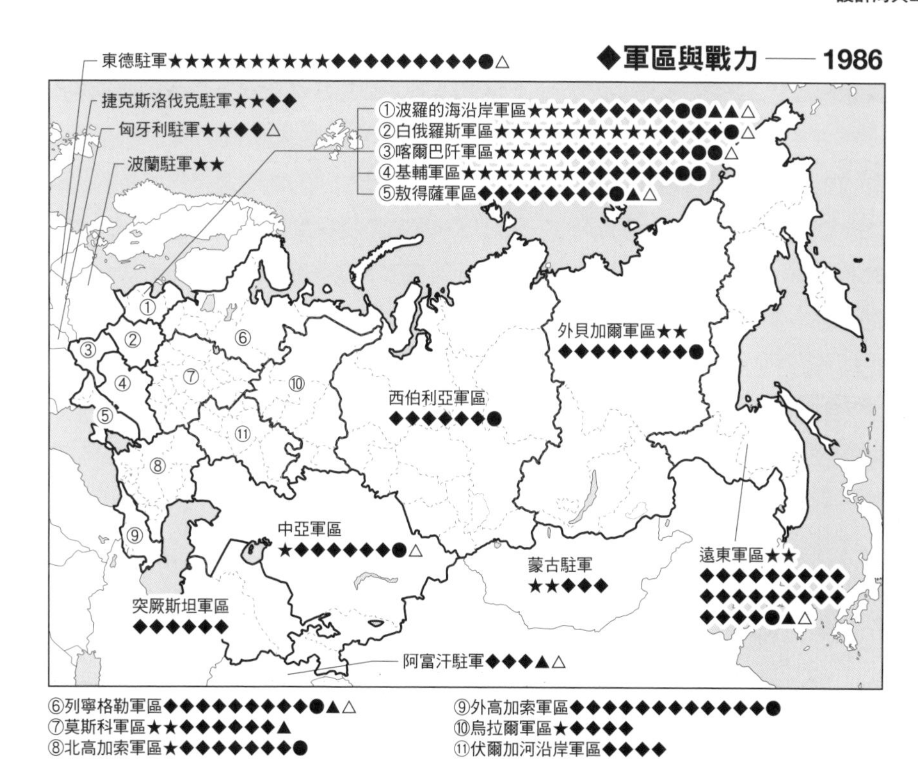

⑥列寧格勒軍區◆◆◆◆◆◆◆◆◆●▲△
⑦莫斯科軍區★★◆◆◆◆◆◆◆▲
⑧北高加索軍區★◆◆◆◆◆◆◆◆●
⑨外高加索軍區◆◆◆◆◆◆◆◆◆◆◆◆●
⑩烏拉爾軍區★◆◆◆◆
⑪伏爾加河沿岸軍區◆◆◆◆

◆軍區與戰力—2022

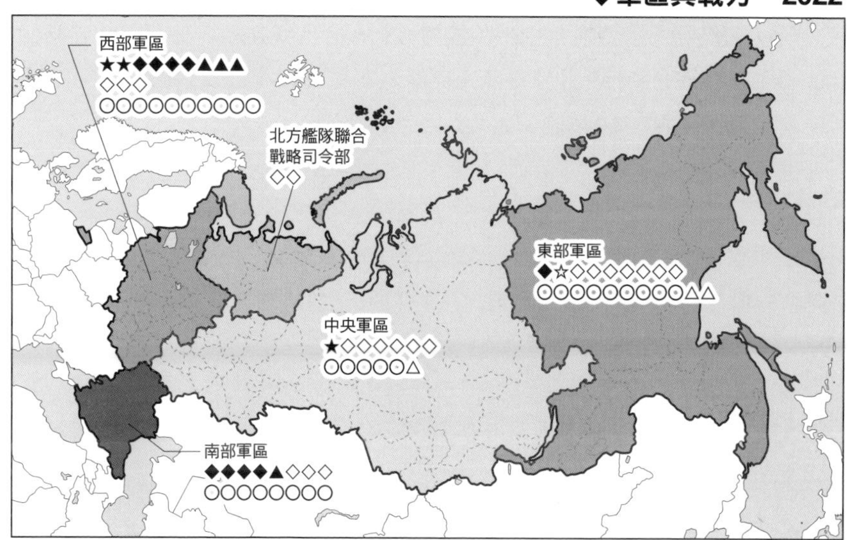

★＝戰車師、☆＝戰車旅、◆＝摩托化步槍師、◇＝摩托化步槍旅、●＝砲兵師、○＝砲兵旅／火箭砲兵旅／火箭旅、▲＝空降師／空中突擊師、△空中突擊旅

西部軍區　（司令部：聖彼得堡）

西部軍區（Западный военный округ）的面積僅俄羅斯領土的7%，但此處包含首都莫斯科與聖彼得堡在內共擁有全國37%的人口，可說是最重要的地區，再加上還得面臨最強的敵人NATO，因此陸空軍皆將最強的部隊配置於此。另一特色是陸軍至今仍保留著冷戰時期的重型師級編制。在俄烏戰爭中，與南部軍區共同成為本場戰爭的主力。

◆陸軍

第1近衛戰車軍團（奧金佐沃）

- 第4近衛戰車師（納羅－福明斯克）
- 第47近衛戰車師（穆里諾）
- 第2近衛摩托化步槍師（加利尼涅茨）
- 第27獨立近衛摩托化步槍旅（莫斯倫特根）
- 第288砲兵旅（穆里諾）
- 第112近衛火箭旅（舒亞）
- 第49防空火箭旅（克拉斯尼博爾）

第6諸兵種合成軍團（聖彼得堡）

- 第25獨立近衛摩托化步槍旅（盧加）
- 第138獨立近衛摩托化步槍旅（卡緬卡）
- 第9近衛砲兵旅（盧加）
- 第26火箭旅（盧加）
- 第5防空火箭旅（羅蒙諾索夫）

第20近衛諸兵種合成軍團（沃羅涅日）

- 第3摩托化步槍師（瓦盧伊基）
- 第144近衛摩托化步槍師（葉利尼亞）
- 第236砲兵旅（科洛姆納）
- 第448火箭旅（庫斯克）
- 第53防空火箭旅（克柳克文斯基）

軍區直轄

第45重砲兵旅（坦波夫）

第79近衛火箭砲兵旅（特維爾）

第202防空火箭旅（納羅－福明斯克）

◆空降軍

第76近衛空中突擊師（普斯科夫）

第98近衛空降師（伊萬諾沃）

第106近衛空降師（圖拉）

◆海軍沿岸軍

第11軍（加里寧格勒）

第18近衛摩托化步槍師（古謝夫）

第244砲兵旅（加里寧格勒）

第152近衛火箭旅（切爾尼亞霍夫斯克）

第336獨立近衛海軍步兵旅（波羅的斯克）

第27獨立海岸火箭旅（頓斯科耶）

照片：Ministry of Defence of the Russian Federation

南部軍管 （司令部：頓河畔羅斯托夫[※1]）

南部軍區（Южный военный округ）在冷戰時期尚算平靜，然而進入俄羅斯聯邦時期後，卻成了衝突最劇烈的「前線」；車臣戰爭、喬俄戰爭、2014俄烏戰爭、敘利亞內戰再到目前的2022俄烏戰爭，全都由這個軍區所管轄。由於陸軍的對手並非NATO，因此以小規模且機動性高的部隊為組成核心。雖然面積上僅佔全領土不到4%，卻集結了最精良的部隊。

◆陸軍

第8近衛諸兵種合成軍團（新切爾卡斯克）

第20獨立近衛摩托化步槍師（伏爾加格勒）
第150摩托化步槍師（新切爾卡斯克）
第238砲兵旅（科列諾夫斯克）
第47火箭旅（德亞提科夫斯卡亞）

第49諸兵種合成軍團（斯塔夫羅波爾）

第34獨立摩托化步槍旅（斯托羅熱瓦亞）
第205獨立摩托化步槍旅（布瓊諾夫斯克）
第227砲兵旅（邁科普）
第1近衛火箭旅（戈里亞奇克柳奇）
第90防空火箭旅（克拉斯諾達爾）

第58諸兵種合成軍團（弗拉季高加索）

第19摩托化步槍師（弗拉季高加索）
第42近衛摩托化步槍師（坎卡拉）
第136獨立近衛摩托化步槍旅（布伊納克斯克）
第291砲兵旅（特洛伊茨卡亞）
第12火箭旅（莫茲多克）
第67防空火箭旅（弗拉季高加索）

軍區直轄

第40近衛火箭旅（阿斯特拉罕）
第439近衛火箭砲兵旅（茲納緬斯克）

※1：更精準的發音接近「頓河畔拉斯托夫」。

第77防空火箭旅（科列諾夫斯克）

◆空降軍

第7近衛空中突擊師（新羅西斯克[※2]）

◆海軍沿岸軍

第22軍（塞凡堡）

第126獨立海岸防衛旅（佩雷瓦爾諾）

第810獨立近衛海軍步兵旅（塞凡堡）

第11獨立海岸火箭砲兵旅（烏塔什）

第15獨立海岸火箭旅（塞凡堡）

中央軍區（司令部：葉卡捷琳堡）

中央軍區（Центральный военный округ）是統管整個西伯利亞的軍區，雖然擁有最大面積（42%）與最多人口（38%），但沒有直接與之對峙的敵人，因此其角色比較接近於提供戰力給其他軍區的「戰略預備軍區」。採用戰車師由軍區直轄這種現今很少見的體制正可說是其戰略角色的象徵。另外自偉大衛國戰爭中的人員疏散以來，此處也成為支撐全國軍需產業的重要工業地帶，所以除了部隊外同時也是武器的供應源。

◆陸軍

第2近衛諸兵種合成軍團（薩馬拉）

第15獨立近衛摩托化步槍旅（羅辛斯基）

第21獨立近衛摩托化步槍旅（托茨科耶）

第30獨立摩托化步槍旅（羅辛斯基）

第385近衛砲兵旅（托茨科耶）

第92火箭旅（托茨科耶）

第297防空火箭旅（列奧尼多夫卡）

第41諸兵種合成軍團（新西伯利亞）

第35獨立近衛摩托化步槍旅（阿列伊斯克）

第74獨立近衛摩托化步槍旅（尤爾加）

第55獨立摩托化步槍旅（克孜勒）

※2：更精準的發音接近「新拉西斯克」。

第120近衛砲兵旅（尤爾加）
第119火箭旅（亞巴坎）
第61防空火箭旅（比斯克）

軍區直轄

第90近衛戰車師（切巴爾庫爾）
第232火箭砲兵旅（切巴爾庫爾）
第28防空火箭旅（切巴爾庫爾）

◆空降軍

第31獨立近衛空中突擊旅（烏里揚諾夫斯克）

東部軍區（司令部：哈巴羅夫斯克[※3]）

東部軍區（Восточный военный округ）由以往的遠東軍區通過一系列整併而來，主要假想敵是中國；雖然面積到達全領土的41%，人口卻不到全國的6%（800萬人），這或許是促成俄羅斯急切軍事行動的主因之一。順帶一提，相當於舊滿洲地區東半部的中國東北三省，其人口就超過1億人。從2022年2月爆發至本書執筆當下的俄烏戰爭中，也徵調了遠自東部軍區而來的部隊。

◆陸軍

第5諸兵種合成軍團（烏蘇里斯克）

第127摩托化步槍師（謝爾蓋耶夫卡）
第57獨立近衛摩托化步槍旅（比金）
第60獨立摩托化步槍旅（卡緬－雷博洛夫）
第305砲兵旅（烏蘇里斯克）
第20近衛火箭旅（烏蘇里斯克）
第8防空火箭旅（拉茲多利諾耶）

第29諸兵種合成軍團（赤塔）

第36獨立近衛摩托化步槍旅（博爾賈）
第200砲兵旅（戈爾內）
第3火箭旅（戈爾內）
第140防空火箭旅（多姆納）

※3：更精準的發音接近「哈巴拉夫斯克」。

第35諸兵種合成軍團（別洛戈爾斯克24）

第38獨立近衛摩托化步槍旅（葉卡捷琳諾斯拉夫卡）

第64獨立摩托化步槍旅（克尼亞澤－沃爾孔斯科耶1）

第69獨立掩護旅（巴布斯托沃）

第165砲兵旅（尼科爾斯科耶）

第107火箭旅（比羅比詹）

第71防空火箭旅（別洛戈爾斯克）

第36諸兵種合成軍團（烏蘭烏德）

第5獨立近衛戰車旅（底比吉翁那亞）

第37獨立近衛摩托化步槍旅（恰克圖）

第30砲兵旅（底比吉翁那亞）

第103火箭旅（烏蘭烏德4）

第35防空火箭旅（吉達）

第68軍（南薩哈林斯克）

第18機槍砲兵師（戈里亞奇克柳奇）

第39獨立摩托化步槍旅（南薩哈林斯克）

軍區直轄

第338近衛火箭砲兵旅（烏蘇里斯克）

第38防空火箭旅（普蒂奇尼克）

◆空降軍

第11獨立近衛空中突擊旅（索斯諾維博爾）

第83獨立近衛空中突擊旅（烏蘇里斯克）

◆海軍沿岸軍

第40海軍步兵旅（堪察加彼得羅巴甫洛夫斯克）

第155獨立海軍步兵旅（符拉迪沃斯托克）

第520獨立海岸火箭砲兵旅（安格利洽卡）

第72獨立海岸火箭旅（斯莫利亞尼諾沃）

北方艦隊聯合戰略司令部 （司令部：北莫爾斯克）

北方艦隊原隸屬西部軍區管轄，但有鑑於北方艦隊是俄羅斯海軍中規模最大、擁有最強戰略核子戰力的艦隊，並考慮到北冰洋的戰略重要性，因此自2014年起獨立成為聯合戰略司令部。到了2021年1月1日，北方艦隊聯合戰略司令部根據總統命令，即日起享有跟軍區同等的權限。除了北方艦隊外，其基地所在的4個行政區也被劃入其管轄中。

◆陸軍

第14軍（莫曼斯克）

第80獨立摩托化步槍旅（阿拉庫爾季）

第200獨立摩托化步槍旅（佩琴加）

◆海軍沿岸軍

第61獨立海軍步兵旅（斯普特尼克）

第536獨立海岸火箭砲兵旅（斯涅日諾戈爾斯克）

照片：Ministry of Defence of the Russian Federation

後記

本書為《蘇聯超級軍武 戰略武器篇》(楓樹林出版社)的續集。在《戰略武器篇》中我解說了戰略火箭軍及海軍的武器，而在本書裡我則以陸軍為主題介紹各式各樣的陸地兵器。如同第1章開頭所說，陸軍是所有國家的軍隊基礎，尤其對於大陸國家蘇聯而言，其重要性更是不言可喻。

就在本書執筆當下，過去曾是蘇維埃聯盟組成國之一的俄羅斯及烏克蘭，雙方現在正傾全國之力展開一場世紀決戰。巧合的是，這竟對應了本書的主題；蘇聯時期兩國共同研發的武器，將在戰場上一次又一次互相衝突。乍看之下冷戰已是久遠的過去，活躍於現代戰場上的是各式各樣的高科技武器，這讓只追求新穎事物的媒體在報導時總將傳統武器當作過時的遺物；然而在首戰中守下基輔的砲兵部隊、在2022年秋天東部爭奪戰裡成功反擊的裝甲部隊，都在在證明了傳統武器仍然是戰場上的主角。如果本書能夠幫助各位了解這些武器有著什麼樣的原理，又經歷了什麼背景才得以研發出來，那就是我最大的榮幸。

值本書出版之際，請讓我對編輯綾部剛之、繪製插圖的ヒライユキオ、名城犬朗、みけらん、EM-chin、サンクマ、裝訂的STOL、正文設計的村上千津子等各位貴人，以及執起本書的各位讀者致上萬分謝意。

真的非常謝謝你們。

多田將

■插畫家

（　）內的數字為插圖刊載頁數。

ヒライユキオ @hiraitweet

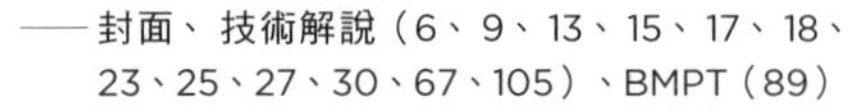

——封面、技術解說（6、9、13、15、17、18、23、25、27、30、67、105）、BMPT（89）

名城犬朗 @pk510bis

——技術解說（11、36、44）、T-72型的變遷（54－55）、T-90型的變遷（57）、系譜圖（62－63）

みけらん @Mikelan125R

——T-34-85／T-44／T-54A（39）、T-64A（43）、T-80型的變遷（50－51）、T-72／T-90M（53）、封底

EM-chin @QUEADLUUNRAU

——系譜圖（78－79、90－91、94－95、98－99、112－113、116－117）、通用戰鬥平台（86）

サンクマ @sankuma

——BTR-60P/BTR-60PB（71）、BTR-70/BTR-80（73）、BMP（81）、BMP3（85）、BMD/BMD-2（92）、BMD-3/BMD-4（93）、2S25（96）

■作者

多田將　京都大學理學研究科博士課程修畢，理學博士
高能加速器研究機構暨基本粒子原子核研究所副教授
主要著作有《弾道弾》《核兵器》《放射線について考えよう。》（明幸堂）、《ミリタリーテクノロジーの物理学〈核兵器〉》（EASTPRESS）、《蘇聯超級軍武 戰略武器篇》（楓樹林出版社）等等。

出　　版／楓樹林出版事業有限公司
地　　址／新北市板橋區信義路163巷3號10樓
郵政劃撥／19907596 楓書坊文化出版社
網　　址／www.maplebook.com.tw
電　　話／02-2957-6096
傳　　真／02-2957-6435
作　　者／多田將
插　　畫／ヒライユキオ、名城犬朗、みけらん、EM-chin、サンクマ
翻　　譯／林農凱
責任編輯／吳婕妤
內文排版／楊亞容
港澳經銷／泛華發行代理有限公司
定　　價／360元
出版日期／2024年４月

ソヴィエト超兵器のテクノロジー　戦車・装甲車編
COBET CHOUHEIKI NO TECHNOLOGY SENSHA・SOUKOUSHAHEN

國家圖書館出版品預行編目資料

蘇聯超級軍武科技：戰車與裝甲車篇 / 多田將作 ; 林農凱譯. -- 初版. -- 新北市 : 楓樹林出版事業有限公司, 2024.04　面；　公分

ISBN 978-626-7394-42-7（平裝）

1. 戰車 2. 軍事裝備 3. 俄國

595.97　　113002153